JN068797

円研作業シリーズ1.2.3

円筒研削盤作業

金型・治工具・試作部品加工

髙橋邦孝　著

ものづくりマイスターとして若年技能者へ、
本質を極めた理論に基づく実技指導で、
誰もが頷き驚愕の声を上げていました。
円筒研削盤の技能書として、
示唆に富んだ最適の書として推奨いたします。

宮城県職業能力開発協会
宮城県技能振興コーナー

所長　曳地　信勝

プロローグ

会社を定年退職してから足掛け 20 年になる。後遺症とは言わないが、今も飽き足らず、円筒研削盤作業の仕事を行っていると思い込んで、拘りの世界の真っ直中でうろうろしているところである。

技能継承の思いは在職中から抱いていたことで、最も重きを置くのは実技とし、最悪の場合は書き物でということになるのかなあと漠然と思いを趨らせてきた。幸い実技は企業と学校の二領域に携われるという恩恵に浴した。書籍出版の契機を得たのは、16 年続けさせて頂いた学校の仕事に終始符が付いた現実に触発させられ、今しかないという夢だった好機が与えられたことに依るものである。

今般の出版本の趣旨とするところは、在職中に実践していた作業を以下に示す 7 要素（No.1〜No.7）に捉え、円筒研削盤作業シリーズと銘打って、その中から No.1〜No.3 の要素作業について、技能部分の深さを可視化して展開したところにある。シリーズにしている七つの項目は次のとおりである。

取り分け本書に取り上げた項目は、No.1 万能研削盤作業における研削条痕（アヤメ模様）の創製、No.2 要求仕様 1μm 公差のパーツを研削する、No.3 許容円筒度 1μm の薄肉を研削するである。

次本となるが、取り上げる項目は No.4 万能研削盤でテーパーを削る（金型、治工具、試作部品）、No.5（1/3）円周振れに関するトラブル発生事例、No.5（2/3）円筒研削加工における回転軸の振れ精度、No.5（3/3）両センター作業における円周振れ精度の作り込み、No.6（万能研削盤）ステ研—精度を作り込む削り方、No.7 万能研削盤に係る作業の中で特性を掴むを予定している。

この円研シリーズ No.1〜No.7 は在職中に技術メモにして貯めた資料を、ある時点で要素作業毎に振り分け構成し、手書きの技術本にしたのが始まりである。出来上がった都度開かれた技術をめざし、主に職場内を回覧、職場内の各位と技術の共有を図ろうと努めてきた在職中の経緯がある。若気の至りであった。

当の鉛筆手書きの本は、戦場を駆け巡った後の契れ旗のように、退職時にはすっかり色あせ、紙面の角は折れたり丸くなったり、字も薄くなって修復を待っていた。時間を見つけてはパソコンで打ち直し、カラーの手作り技術本を作ってみたら鮮やかに蘇った。往年の感謝とつつがなく過ごしていることを伝えるため、かつての先輩同僚各位、関係企業、友人達に届け貰って頂いた。要請を頂き携わらせて頂いた企業の若年技能者への指導や学生の実技授業に生かされたことは言わずもがなである。

　光陰は矢の如し、今日に至って、この手作り技術本も趣味としてはそれで良いが、気後れの感がでてきた。ここに上梓を思い立った。在職中のその都度作りの寄せ集めであり、読みにくい箇所も随所にある。記述の中に思いを寄せて頂ける箇所が一つでも有りますれば幸甚に思う。

目　次

第1部

万能研削盤作業における

研削条痕

アヤメ模様の創製

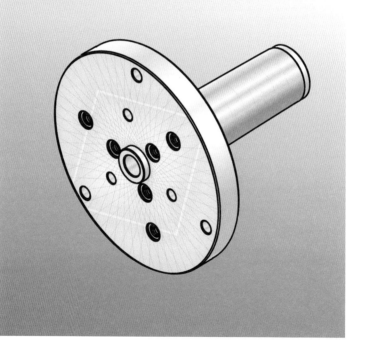

第1部によせて

24年前、高橋弘氏から金型、治工具部品に関わる円筒研削加工の手ほどきを受けた。その過程の中で側面研削加工という要素技術があり、円筒研削盤で平面加工の出来ることを知った。又、両センター作業では、旋回テーブルと心押し台底の隙間（すきま）にシックネステープを挿入し、心高を調整するとクロス模様（アヤメ模様）が得られるとする話を聞いた。

円研加工に関わる金型・治工具部品は段付きのものが多く、段付き部分には加工精度を確保するがための設計思想が盛り込まれており、この部分の加工には研削加工の仕様が多い。

段付き部（端面の場合もある）の加工には側面研削加工で対応してきた。ちなみに、その殆どの研削を、平形1号砥石を成形したカップ形砥石で行ってきた。手ほどきを受けた当初の研削では、面粗度確保を目的とした側面研削加工の認識が支配的であったために、大方模様はスジメになった。

やがて円筒の寸法出しにも自信がつき、円研加工に時間的余裕が出てきた。その頃から徐（おもむろ）に側面研削加工におけるアヤメ模様づくりの模索が始まった。いろいろな幾何模様が創造され、回を重ねる毎に、側面研削加工の奥深さを味わうことになった。極めつきは絶妙な心高調整に裏打ちされた時に出き上がるアヤメ模様であった。以後アヤメ模様づくりの虜（とりこ）になったことは申すまでもない。

側面研削が行われる加工部品の段付き面や端面は、一度機械（製品）に組み込まれてしまうと、被研削面の模様が表面に露出するものもあるが、大半は外部からは観ることができないものとなる。長い円研課業に入っていくにつれ、外部から見えない研削加工部分（加工精度確保の過程の中で作り込まれる研削面、いわゆるステ研の場合もある）にも技能者の心意気が盛り込まれるような物作りができないものか、日増しに思うようになっていった。著者のこだわりとなってしまったアヤメ模様の創製にはこのようないきさつ経緯がある。気がつけば、段付き部の研削面は早晩隠れ伏せてしまうものであるから、せめて次工程にあたるお客

様が単品を手に取った時、感動を覚えてくれるような品物づくりに努めるようになっていた。したがって、表面(おもてめん)になるものについては殊更(ことさら)のことになった。

　当著書の主柱は「万能研削盤によるアヤメ模様（研削条痕）の創製（作成 1990.09.25）」にあるが、この内容だけでは不足の感があり、主柱の基になった「側面研削加工面の品質の作り込み―円筒研削（作成 1980.08）」及び「クロス側面研削を標準化するために［№1＆2資料］（作成 1980.08）」の記述を加えこれを補うことにした。又、その後どのように展開していったかについては、「アヤメ条痕模様の創製を水平展開するために（1998.02.10 ～ 1999.07.13）」と「側面研削作業手順書（1992.9.26）」の具体例を記述した。

第1部　万能研削盤による

アヤメ模様（研削条痕）の創製

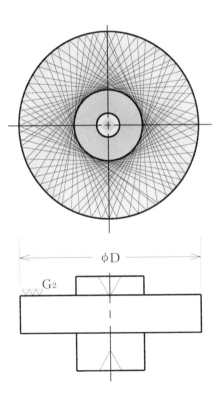

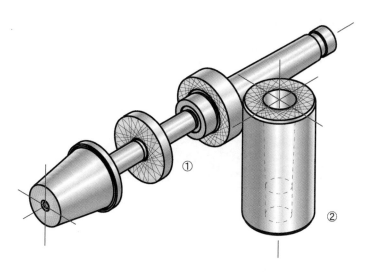

1 級 機 械 加 工 （ 円 筒 研 削 盤 作 業 ） 実 技 試 験 課 題

1990年当時、上司（熊谷義昭次長）から、若年技能者に指導をして欲しい（技能・技術の向上を狙いとしたものであったと解釈している）との要請があった。

　その対応として、円研シリーズ1～5の技術書を作成した。左に示した「万能研削盤によるアヤメ模様（研削条痕）の創製」は、その内の第一作目のものである。

　この技術書の旨とするところは、円研の一要素技術である側面研削作業に於ける「クロス模様（アヤメ条痕）の創製に関する標準作業」の確立を明記しようとしたものである。理解を深めるため、標準化に至った過程や失敗、不具合についての対策等、これらを記述した内容になっている。又一技能者のアヤメ模様づくりのこだわりを紹介しようとしたものでもある。

　当書は主として課内を回覧した。後には課内外の加工者や技能者に対する技術・技能教育に資することになった。

序

　万能研削盤（円筒研削盤：通常円研と称している）で行われる作業のうち、砥石側面を用い、被研削物の段付き面や端面を研削する作業がある。この作業は、一般的には側面研削といわれている。

　側面研削作業によって創られる被削面には、砥石の形状、段取り、その他研削の諸条件によって多種多様な模様が出来る。又、仕上がった模様の違いによって、面精度に差異が生ずる。場合によっては、寸法、平坦（面）度、振れ精度など許容値を満たし得ないことも起こる。このように側面研削条件は、模様の創製と仕上がり精度に微妙な関わりをもち、いろいろな研削模様を作らせ、研削仕上がり精度に影響を及ぼしていることを、ここに窺い知ることが出来る。

　冒頭に示した面板のアヤメの幾何模様の絵は、側面研削作業によって、研削創製されたアヤメ模様をスケッチしてみたものである。アヤメ模様は、どのような考え方で、どのように創製されていくものなのかを円研作業の一端として紹介したいと思う。

　浅学の故、随所に誤りがあると思う。その節は、宜しくご指導のほどをお願い申し上げます。

　最後に、駆け出しの頃、側面研削によるクロス模様に掛かる砥石の成形、心押し台の高さ調整法（心押し台の底にシックネステープを挿入して行う事を聞かされた。実技は無し）等について、今は品質保証部に在籍している高橋弘氏による手ほどきを戴いた。ご指導に負うところ大であったことを申し添え感謝の意を表します。

1990.09.25

生産技術部
生産技術2課　試作グループ
髙橋邦孝

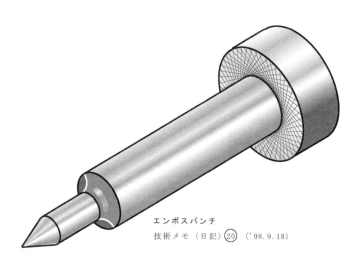

エンボスパンチ

技術メモ〈日記〉⑳ ('98.9.18)

第1章　万能研削盤作業における側面研削

1.1　側面研削作業の概略

アヤメ模様についての記述に入る前に、まず、側面研削とはどのようなものであるかを図を示して説明しておく必要がある。

図1.1は側面研削の段取り・操作・研削状態を端的に示したものである。1. は万能研削盤に向かって正面の研削状態を示した図であり、2. は機上から見下ろした状態を示したものである。

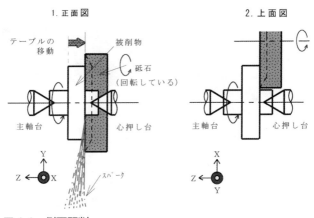

図1.1　側面研削

側面研削は、ワークを両センターに支持・セットしたテーブルを、右（Z軸）方向に移動し、回転しているワークと回転している砥石のエッジとを接触させることによって行われる。このように、砥石側面を使って研削する作業を側面研削と称している。

側面研削は、通常、被削物端面部のような箇所の直角平面を出したり、全長寸法を削り出したりするときに行う。別のケースとして、エッジを付けない砥石面を使ってパンチ先端を加工するような、つまり、角度加工を行う場合がある。ここでは前者について述べていく。

1.2 軸ものパーツ段付面の研削条痕（アヤメ模様）の意義

　金型・治工具等の構成部品である軸の段付き面は、高い精度（直角度及び平坦度）が要求される。その理由としては、

　①全長寸法だし
　②ツバ厚さ寸法出し
　③ツバ面から特定位置までの寸法だし
　④平坦度（平面度）出し
　⑤直角度（振れ精度）出し
　⑥外観価値の昂揚

等が上げられ、要求された仕様の精度を作り込むために必要な基準面等になるからである。
　これらの精度を作り込む最も基礎となる技術は軸に対する直角平面の研削面（振れがなく、かつ、平坦な面）を創製する技術である。直角度かつ平坦度の高い研削面を得ることは、代替特性を持って示せば、アヤメ（クロスされた）模様の研削面が得られることによって、初めて達成されることになる。
　従って、こだわれば、この模様が創製されない間は段取り精度が出ていないとして、幾度も段取りを調整し、目標とする模様が得られる研削加工条件を追求する必要がある。
　側面研削加工によって創製されるアヤメ模様は軸に直角な平坦度を具備されているものであり、特に、平坦度を判別する代替特性を有しているところに意義があると考えている。

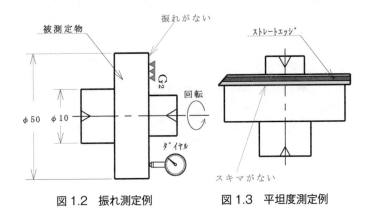

図 1.2　振れ測定例　　　　　図 1.3　平坦度測定例

1.3　側面研削に使われる砥石形状とその研削の特徴

　側面研削に使われる砥石と創製される研削模様の関係は概ね図 1.4 のように整理することが出きる。

　図 1.4 −②のようなカップ状の砥石を用いて側面研削を行えば、研削模様は、基本的には②a、bのような 2 種類が創製される。この砥石は通常の研削作業の中で砥石側面に成形を施し、砥石側面に逃がしを入れ、鋭いエッジを作り込んだものである。段付き面の直角平面出しと精度の作り込みにとって便利で都合のよい特徴がある。その他側面研削には図 1.4 −①が示す砥石が使われる。

　万能研削盤（一般的には円筒研削盤と称されている）による作業は、主として円軸物の外周研削をその本領とする。一方、砥石の側面の機能を使ったいわゆる側面研削作業もある。段付き面や、端面の研削はこれに該当する。特に、金型・治工具部品の加工に関しては側面研削の設計仕様が多い。

	砥石側面形状	被削物の模様（条痕）	研削目的	加工例
①		a	量産物の直角平面角度・寸法だしetc.	ツバ付きパーツタイミングプーリーの側面、パンチ先端角etc.
②		a b	金型・治具の直角平面寸法だし基準面	主軸、段付き形状のシャフト、ゲージetc.

図 1.4　側面研削に使われる砥石と創製される模様

　円筒研削盤における金型関係部品に関する側面研削作業では、概ね、平形1号や、平形1号の砥石側面に角度成形して逃がしを入れた図1.4－②の砥石が使われる。一方、頻度は少ないが平形1号砥石そのままの側面で便宜上段付き面や、主軸及びテーブルを旋回させての角度ものの研削に使うことがある。その際創製される模様は、図1.4－①が示しているように同心円状（イメージとして表現している）にプツプツとした点の条痕が出来る特徴がある。しかし、平形1号そのものの砥石側面による研削は禁止されているから、この方法を推奨することは出来ない。ここでは、砥石と研削模様の関係として①に示したまでである。正しい方法としてはアングルカット法がある。

　②タイプの砥石は金型・治工具部品の研削によく使われる。段付き面の直角や、平坦度が比較的精度よく得られるため、高精度の全長寸法だしにも有効である。従って、金型・治工具の部品加工には必要不可欠な砥石形状といえる。しかし、機械の精度不良や段取りの悪さがあると、図1.4－②aのようなスジメの模様になってしまう。又、エッジの摩耗が速いという短所があり、これも一つの特徴といえる。②の砥石を用い、

アヤメ模様創製の研削条件が具備されれば、②－ｂが示す綺麗なアヤメ模様が得られる。

　このように、直角平面が創製出来るという点では、①②の砥石に共通点があるが、創製される模様は、選択される砥石形状（縁形）で決まる。しかし、一方で相違点もある。特筆しておきたいことは、①の砥石を使用した場合は、テーブルを旋回することによって直角平面を含む角度加工が出来るが、②の砥石では角度加工が出来ないということである。

1.4　砥石側面エッジの作り方（成形）と鋭いエッジの維持方法

　アヤメ模様を作るには、側面にエッジを有する砥石で研削するということを既に述べてきた。このエッジ成形の段取りと操作は、次の手順で行う。図 4.5 －①は、エッジ成形の段取りと成形された砥石断面を示したものである。

　まず図示されているとおり砥石断面が５：１（約 12°）の勾配になるように、テーブル上に「成形用アタッチメント」をセットする。次いで砥石側面の「逃がし成形用ダイヤル」を図のように取りつける。成形作業は、テーブルを右方に移動・切り込み量を確保し、アタッチメントのハンドルを回転・ドレッサーを矢印方向に往復させる。エッジが得られるまで一連の操作を繰り返す。以上が砥石縁形（エッジの付いたカップ形）を作る概要である。以下詳細とエッジの維持について記述する。

　砥石側面の「逃がし成形用ダイヤル」の取付は、図が示しているように、Ｚ方向に対し平行に取りつける。ドレッサーの砥石への切り込み操作は、テーブルを図の方向（Ｚ軸）に手送りで、かつ、小刻みに移動して行う。ダイヤル目盛の切り込み量は、ドレッサーの切れ味をみて、0.02 ～ 0.05㎜を目安に行う。

　アヤメ模様作りの砥石エッジの先端は、摩耗が速い。そのため鋭いエッジを立てると成形頻度は高くなる。従って、鋭いエッジの維持に多くの時間が費やされる。砥石エッジの切れ味が悪くなり、エッジを立てる（鋭利にする）必要が生じた場合は、図 4.5 －②の要領にて、標準型のドレッ

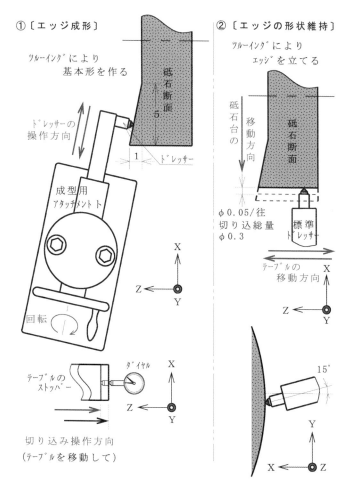

① 〔エッジ成形〕

ツルーインク゛により
基本形を作る

砥石断面

5

ト゛レッサーの
操作方向

1 ト゛レッサー

成型用
アタッチメント

X

Z ← ⦿
     Y

回転

ダイヤル

テーフ゛ルの
ストッパー

X

Z ← ⦿
     Y

切り込み操作方向
(テーフ゛ルを移動して)

② 〔エッジの形状維持〕

ツルーインク゛により
エッジを立てる

砥石台の

移動方向

砥石断面

φ0.05/往
切り込み総量
φ0.3

標準
ト゛レッサー

テーフ゛ルの
移動方向

X

Z ← ⦿
     Y

15°

Y

X ← ⦿
     Z

図 4.5　砥石側面エッジの成形と形状維持

19

サー（心押し台に固定されている）を用いて砥石外周をツルーイングする。切り込みは φ 0.05 をめやすとし、6 回程度ツルーイングを行い、切り込み総量が φ 0.3 になったところでやめる。切り込み総量が φ 0.3 以上にならなければ（繰り返し行ったテストの結果による）鋭いエッジは得られない。鋭いエッジがなぜ必要なのか、これについては後術詳細する。

　砥石側面の成形の際には、ドレッサーの消耗が大きいから、ドレッサーをいつも切れる状態にしておくことが必要である。ちなみに、ドレッサーは 15°程度頭を下げるように取りつけるとよい。又、ドレッサーの入れ替えを早めに行えば、いつでも切れ味よくツルーイングが出来る。

第2章　研削条件と創製された被削面の性状

2.1　砥石側面エッジで削られて出来る各種の模様（条痕）

　側面にエッジを有する砥石で側面研削を行うと、図 2.1 のような模様が出来る。①の類の模様は、通常の作業の中で出来るものであり、②の類の模様は、故意に創製するものである。

　研削模様（条痕）は、通常被削物の段取り状態（被研削物両端の心高の差）、砥石成形の良否、主軸の回転数、切り込み・切り上げのタイミング、被削物直径の大小、センター穴の良否等、様々な要素が絡み合ってできあがるものである。従って、実際に創製される模様はもっと複雑にして多様なものである。ここでは、ごくありふれた模様を示した。

　図 2.1 −②の類の模様は、故意に作られるものであることを述べたが、②− a は、砥石台の位置を X 軸方向に変移させて、第 1 回目に作った模様の上に第 2 回目の条痕を重ね合わせて創製したものである。

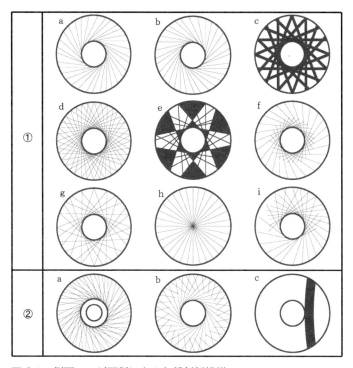

図 2.1　側面エッジ研削による各種創製模様

　又、②－bは、心押し台の高さを上下に加減操作（心押し台の心高が、主軸の心高よりも低い状態にして作った条痕に、その逆の状態で作る条痕を重ねる）し、合成して創製した模様である。更に、②－cの弧の模様は、主軸の回転を止め、被削物を砥石に当て、切り込んだときに出来る砥石エッジ側面の跡である。

一方、①－ｉの模様は、ワークピースのセンター穴の真円度が悪い場合とか、急激な切り込みをして、かつ、急激な切り上げ操作を行った際に発生する。

「どのようにしたら美しいアヤメの模様が出来るのか」それをを教えてくれるヒントは、図2.1－①の中に隠されている。

図示した各種模様の創製メカ（ここでは加工状況の観察から推測される生成の過程と仕組み）については後述する。

2.2　研削面模様に対応した面性状（凹凸平坦など）

図2.2は、創製された模様と、模様に対応した面性状（凹凸・平面）を示したものである。被削面形状（凹凸・平面）は微小であるので、ここでは、理解を促すため、形を誇張して示してみた。

被研削面の凹凸や、平面を確認する場合は、平坦度の測定をしなければならない。平坦度の測定には幾つかの方法があるが、ここでは、簡単なやり方として次の方法をとっている。

従来行ってきた方法の一つは、図2.3の長さについて、各Ａ～Ｈの位置でＭ１Ｍ２の部分を測定（マイクロメータあるいは指示マイクロ）し、作図して評価するやり方、もう一つは、ストレートエッジを被研削面に当てて、隙間をみるやり方である。

平坦度は、被削面の大小にもよるが、概ね０～±15μm程度である。平坦度の出来具合は、ワークの直径、材質、砥石の状態、研削段取り、ワークの回転数、切り込み・切り上げのタイミング、センター穴形状の良否等々加工条件に依存するので、平坦度の高い面を得るためには、段取りの仕方と研削要領についてはそれ相当の訓練を必要とする。

ちなみに、図2.2は、目視による観察と測定結果（数値）に基づいて、面の形をイメージし描いたものである。スジメの模様の場合は中心部分が凸状になり、クロス（アヤメ）模様の場合は平坦あるいは、凹状の面になることを確認している。

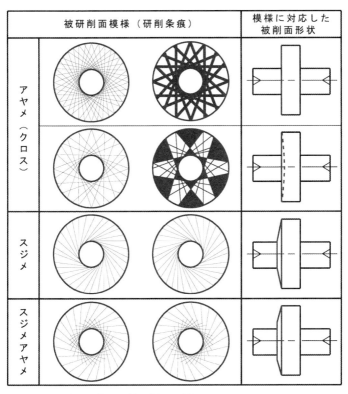

被研削面模様（研削条痕）		模様に対応した被削面形状
アヤメ（クロス）		
スジメ		
スジメアヤメ		

図 2.2　模様に対応した被研削面形状

23

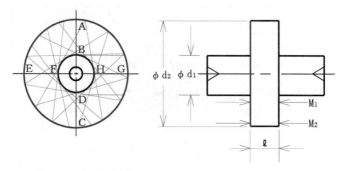

図 2.3　平坦度測定例

2.3　段取りの条件によって創製される模様の変化

　段取りの条件（主軸側と心押し側の心高の差）の影響を受けて創製される模様は、基本的にはスジメとアヤメがある。スジメ模様には図 2.4 が示しているように、筋方向が逆の模様に創製される異種のタイプがある。

　両センター作業の場合の被削物に例をとれば、主軸と心押し軸の心高差は巨視的には同じであるが、微視的には差異がある。例えば新品の機械（設備）では心押し側が高く、老朽した機械ではテーブルと心押し台の摩耗により心押し側が低い。又、段取りの際、心押し台の底に微小な異物を取り込んでしまった時にも心高が変わってしまう。従って、両センター作業における被削物は、心高差が無く、砥石軸に対して水平に取りつけられるという保証は無いのである。

　心高に係る高低の差は、主軸の高さを基準にすれば、1）心押し台が低い場合と、2）高い場合と、3）等高の場合とがる。この高低の差は研削することにより創製された研削模様に基づいて確認出来るもので、図 2.4 －③の模様が出来たときは、主軸側と心押し側が同高と判断出来

る。又、同高のとき砥石軸と水平になるものと考えられる。ワーク長にもよるが、5 ～ 10㎛の心高差が、これら模様生成の明暗を分ける。但し、テクニックでフォローすることは可能であるので、この件については後述する。

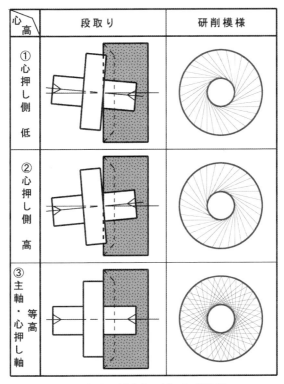

図 2.4　段取り条件に対応する側面研削模様

図2.5は、両センター作業による側面研削加工の例である。研削加工時に心押し側が高ければ、図2.4－②のスジメ模様になり、低ければ①のスジメ模様になる。又、主軸・心押しの高さが等高になれば、③のようなアヤメ模様が出来る。このように、アヤメ模様は、主軸・心押しの等高の時に限られるから、特殊な条件下で創製されるといえる。従って、要求精度（側面研削の平坦度）を満足させるためには、段取りと必要とする全ての加工条件を具備しなければならない。

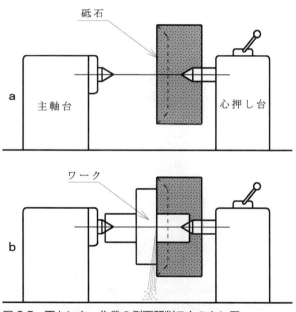

図2.5　両センター作業の側面研削スケルトン図

以後説明を簡単にするため、図2.4に示しているように、主軸と心押し台に心高差がある時は、「心押し側低、あるいは、高」と述べ、主軸と心押し台が同高の場合は、「主軸・心押し等高」と記述する。

2.4　エッジ形状と条痕との関係

　砥石外周と側面に接するエッジは、図2.6で示しているように様々な形をしている。①のように整然とした鋭いエッジのときもあり、②のように先端が摩耗した形状の場合もある。又、③のように一周の中に鋭鈍

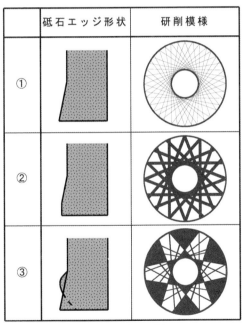

	砥石エッジ形状	研削模様
①		
②		
③		

図2.6　エッジ形状と模様の関係

凹凸が同居するようなエッジ形状のときもある。

①は、鋭利なエッジとそれに対応した模様であり、細線によって形作られた美しいアヤメ模様である。この模様は面精度（特に平坦度）を得るための目安となり、代替特性として使える。

②の模様は、エッジが鋭くない場合に出来る。幅広のアヤメ模様になるのが特徴で、①よりも高精度の 面粗度が得られる。しかし、目詰まりし易く、研削面に焼けが発生する場合がある。又、被削面は鏡面になることがある。このケースでは、研削面にうねりが生じ、平坦度がよくないこともあるので注意を要するところである。

③のエッジ形状や模様は作ろうとして作れるものではない。ブリックストーンなどで、手研ぎによりエッジを立て、砥石側面の欠損や面振れが生ずる場合に発生する。特に被削物の周速が遅い場合に発生することが多く、砥石の回転周期に同調した調子でカンカンカンという連続音が起こる。アヤメの模様の類に属する模様と思うが、模様の出来栄えとしてはよくない。

側面研削は、要求精度が高い場合に行われることが多いから、手研ぎよりは成形器を使って鋭いエッジを立てることが望ましい。ちなみに、砥石外周のツルーイングを励行し、①が示しているエッジ形状を維持することが大切である。

2.5 切り込み経過時間に伴い創製される模様の変化

主軸・心押し側に心高差がある場合の段取りでも、又、等高による段取りの場合でも、何れも主軸回転数と切り込み量を一定にした場合、切り込みから切り上げに至る時間経過の中で研削模様が変化していく。図2.7 はその変化を示したものである。これらの変化は実作業の体験を経て理解し認識することが出来る。①は心押し側高の段取りによる場合の模様（条痕）の変化であり、②は主軸心押し等高の場合の変化である。

切り込みから切り上げに至る経過時間は、被削物の直径、材質の軟・硬によって設定値の差を付けている。ここでは、直径 φ 100、材質（SKS

28

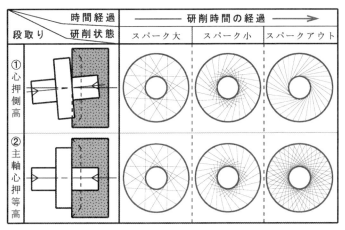

時間経過 段取り	研削状態	← 研削時間の経過 →		
		スパーク大	スパーク小	スパークアウト
①心押側高				
②主軸心押等高				

図 2.7　切り込み経過時間に伴う研削模様の変化

焼き入れ）主軸回転数 60rpm、切り込み（Z 方向）10㎛、切り込み時間 25 秒の例を取り上げる。物にもよるが、φ 100 程度の物であれば、25 秒程度で研削は終わる。切り込み総時間 25 秒の間で、模様の変化を時系列に観察してみると、3 秒後、10 秒後、25 秒後のスパークの状態が変化しつつ、模様は図 2.7 －①②のように変化していく。

　心高が等高の場合は勿論であるが、心押し側低であっても、切り込み量を一定にして切り上げまでの時間を短くすると、アヤメ模様を作ることが出来る。誤って急激な切り込みをしてしまった際、アヤメ模様が出来ることがある。これは、切り込みの圧力によって、ワークピースの軸心が瞬時、弾性変移し、砥石軸心と水平になった（主軸、心押し軸が等高になり、被削物軸心が砥石軸心に水平になった）ことを示している。又、その時は、①の「スパーク大」の研削の状態にあったことを意味している。しかし、再度、上の研削加工条件（所定の切り込み量で研削時間を

29

辿ると）で研削してみると、スジメの模様になってしまう。

　心高が等高の場合は、図2.7－②が示しているように、切り込み時間の経過と共に、粗いアヤメ条痕から細かい美しいアヤメ模様（条痕）へと模様が創製され変化していく。

2.6　被削物のセンター穴と研削模様の関係

　図2.8、図2.9に示した二つの例は、共に、スジメ・アヤメ混合模様である。被削物のセンター穴が楕円であったり、等径ひずみ円（オムスビ形状）であったりすると、心高を幾ら調整しても、綺麗なアヤメ模様は創製されない。図2.8－aとか、bの模様になってしまうのである。センター穴の一部が欠けているとか、センター穴面の一部が突起している場合も、似たような現象が起こる。

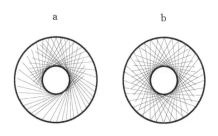

図2.8　センター穴不良の時の模様

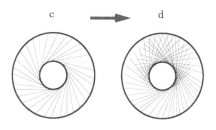

c d

図 2.9　段取り調整による模様の改善

　しかし、主軸の回転を上げ、切り込み量を多くして、かつ切り上げの
タイミングをうまく合わせると、全面アヤメの模様に創製することが出
来る。とはいえ、これは見た目の感覚から捕らえた模様の良さである。
無理をして創製した模様であるから、真円度の高いセンター穴のワーク
ピースと比較してみると質落ちしていることがわかる。良好なアヤメ模
様を創製するためには、センター穴研削をする等してやり直すのが良策
である。
　逆にセンター穴が良くても、図 2.8 − a の模様になることがある。機
械操作の誤りで、研削面に砥石エッジを強く当ててしまって、思わず切
り上げたとき等に出来る模様が当該例である。瞬時ワークピース両端の
心高が崩れたことを窺わせるものである。
　図 2.9 − d は、センター穴不良の被削物を心押し側高の段取り（c の
模様が出来た）にて研削を行った後、心押し台の高さを調整（低方向に
微調整する）して、より一層良好な段取りにて研削した時に創製された
時の模様である。
　被削物のセンター穴の良否は、研削段取りや、研削テクニック以前の
問題であり、特に、端面の平坦度の精度が高く要求されている場合は、
研削前に穴の良否を確かめておくことが大切になる。

2.7 主軸回転数の加減と研削条痕（模様）の関係

段取りの良否（心高調整の出来具合）は、ともかくとして、主軸の回転数（又は速度）は切り込みの加減と関わりを持ちながら、研削模様創製と面性状の出来具合に影響する。

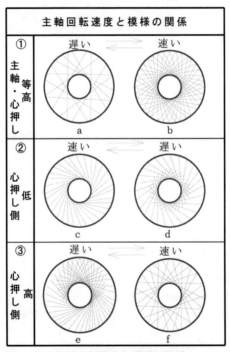

図 2.10　主軸回転速度と模様の関係

図 2.10 －①は、心高等高の段取りにて研削を行った例である。切り込み量と切り込み継続時間を一定にしたとき、主軸回転を下げ速度を遅くすると粗いアヤメ模様（①－ａ）ができ、回転を上げるときめの細かいアヤメ模様（①－ｂ）が出来る。

図 2.10 －②は、心押し側低の段取りをした場合の例である。主軸回転を遅くして、かつ切り込み量を大きくしてスパーク研削（火花を散らして研削する）すると、スジメ模様から（②－ｃ）から、スジメ・アヤメ混合模様（②－ｄ）に模様を改善することが出来る。

図 2.10 －③は、心押し側高にして、かつセンター穴の形状が悪い場合（穴が真円でない等）、幾ら心高を調節しても、③－ｅのようなスジメ・アヤメ混合模様になる。しかし、主軸回転を上げ、切り込み継続時間を短くすると、全面アヤメ模様に近い模様を創製することが出来る。但し、無理をして作った模様であるから、外観上は良いとしても、面振れ・面粗度等精度が落ちる。従って、要求精度の高い加工については注意を要する。

2.8 研削模様の創製と材質及び被削面性状の関わり

被削物の材質と被研削面の形状は、研削模様の創製と出来具合に非常に大きく影響する。例えば、S45ｃのような材質は柔らかいため砥石エッジの食い込みが良く、砥石エッジの持つ機能を十分発揮出来ることから、良好なアヤメ模様が創製されやすい。

しかし、軟質材料に対して、SKD（焼き入れ品）のような硬い材質のものは、砥石エッジの食い込みが浅く、又、砥粒の摩耗、脱落が多く、削りにくい。更に、研削面が焼けたり、異常な光沢を帯びたりすることもある。硬鋼材の研削のような場合には、特に前工程の形状（旋削形状や熱処理による変形）によって、図 2.11 に示されているように影響を受けることが多い。

図 2.11 の模様は、前工程のワークピース側面形状と段取り条件（心押し側低）の関わりの中で創製された模様を観察したものである。①の

ような凹面の場合は、スジメ模様になりやすく、②③の凸面形状の物は、スジメ・アヤメ模様が出来やすい。

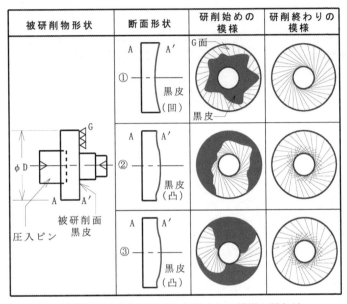

図2.11　硬質材料の前行程形状と創製される模様の関わり

2.9　ワークピース直径の大小と研削模様の関わり

　ワークピース直径が大きくなると、側面研削される面積が大きくなることが多い。この様な場合は、砥石エッジの摩耗を出来るだけ小さくする必要がある。その時は、被削物の回転数を落とすのが常である。切り込みから切り上げまでの研削時間を長く掛けることが必要となる。切り込み継続時間が多くなることは、加工に多くの時間を費やすことになる

34

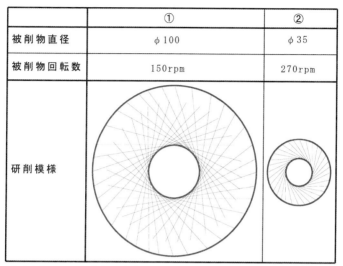

	①	②
被削物直径	φ 100	φ 35
被削物回転数	150rpm	270rpm
研削模様		

図2.12　ワーク直径の大小と出来やすい模様の比較

が、逆に切り込み・切り上げの時間的余裕ができ、アヤメ模様作りのテクニック上都合が良い。つまり、切り込み量、切り込み切り上げの動作の運びが容易になり、アヤメ模様創製を楽にすることが出来る。

　例えば、φ100程度の側面研削（図2.12－①）の場合、心高に差異があっても、スパークする時間を長くすることが出来るのでタイミングよく切り上げができるようになり、比較的アヤメ模様が得やすくなる。

　大径に対して小径のワークピースの場合は、アヤメ模様を創製するには動作が追いつかない。結果として、段取りの影響を大きく受けて、図2.12－②のようなスジメ模様になりがちである。

2.10 切り込方向の違いによる模様生成の比較

　両センター作業で側面研削を行う場合、図2.13で示しているように、2方向からの切り込み方法がある。一つは、心押し側からの切り込み、もう一つは主軸側からの切り込みである。主軸・心押しの心高差がある段取り条件下では、基本的には、どちらから切り込んでも同じ模様ができる。心押し側低の場合は、図2.13－aのスジ模様が出来、心押し側高の場合は、条痕が逆方向に創製され、bのスジ模様になる。

　しかし、主軸・心押し等高の条件下において、左右切り込みによる出来具合(精度)を比較してみると、若干の差異が認められる。というのは、例えば、主軸・心押し等高の条件にして側面研削すると、図2.13－①のB方向切り込みでは、綺麗なアヤメ模様が創製される。しかし、同じ段取りを使ってA方向から切り込むとスジメ・アヤメ混合模様になってしまう。又、図2.13－②の場合は、B方向から切り込む時にアヤメ模様が出来る段取りにして、砥石の位置を変えA方向から切り込むと、スジメ・アヤメの混合模様になる。ここで注意して認識すべきことは、①とは逆方向にスジが入った模様になっているということである。このように、主軸・心押し等高の段取り条件下では、A・B方向からの切り込みを替えると、出来る模様は微妙に違ってくる。

　これは、主軸側と心押し側の剛性差に起因するものではあるまいか。主軸側から心押し側に向かって切り込むと、研削時の模様創製に影響する程度の弾性変移を起している（心押しの剛性は、主軸に比べ小さいと考えている）ものと考えている。従って、高精度加工を要する場合は、始めから、切り込む方向を決めておいて、アヤメ模様を作る段取りをすることがベターである。又、研削作業に当たっては、面倒でも切り込み方向を当初から決めて、被削物をトンボして確かな方向から研削することが大切である。

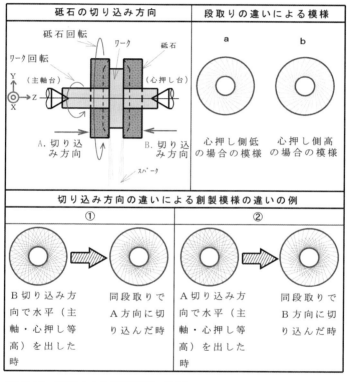

図 2.13　研削方向と研削模様の関係

2.11 スジメ模様を故意に合成して創製するアヤメ模様

　段取りの組合せ（主軸と心押し軸の心高操作により）と切り込み操作を織り合わせて側面研削をすると、図2.14 が示すような特殊な模様を創製することが出来る。

　図2.14 −Aのアヤメ模様は、第1ステップとしてaの段取りでスジメ模様（紫）を作り、次に段取り替えを行い、第2ステップbの段取りでスジメ模様（赤）を重ねてやると、段付き面の外側にアヤメ模様を創

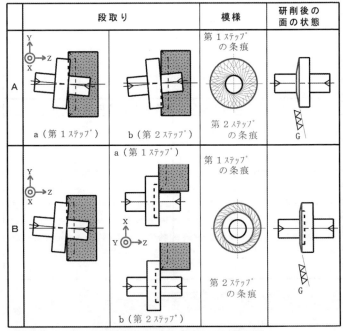

図2.14　スジメ模様を合成して作るアヤメ模様の例

製することが出来る。しかし、見るからに不自然なアヤメ模様であり、研削面は微小な中央部凸（図2.14が示す図では、研削後の面の状態を誇張して表現している）になる。

　Bのアヤメ模様は、aの段取り（心押し側低）で第1ステップのスジメ模様を作り、X方向に砥石を後退させ新たに段取りを行って、第2ステップのスジメ模様を重ねてやると、図が示すようなアヤメ模様を創製することが出来る。被削面はこれも中央凸になる。

　A、Bの模様は何れの場合も故意に合成して作った模様であり、アヤメの模様であっても平坦度の高い面は得られない。アヤメの模様だからといって、全て平坦度が得られているものものではない。異質のものもあることを付記しておきたい。

2.12 創製されたアヤメ模様平坦度の良否

　アヤメ模様が創製されている面だからといって、平坦度が精度良くできているとは限らない。このことについては図2.11で述べてきた。

　図2.15－（1）が示すアヤメ模様の場合は、砥石のエッジが鋭い（切れ味が良い）時スパーク研削の段階において出来る模様である。よく心

	(1)	(2)	(3)
	粗いアヤメ	細かいアヤメ	スジメ・アヤメ
模様	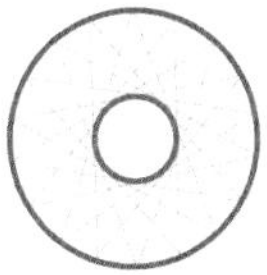	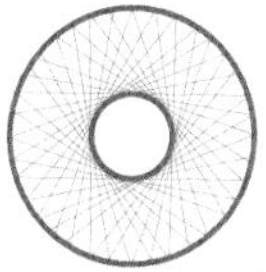	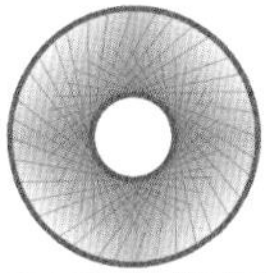
性状	中央部 凹み	平坦度が非常に 良くでている	中央部 膨らみ

図2.15　アヤメ模様面の性状

高が調節されている時の粗削りの段階に於いてできやすい。中央部分は平坦ないしは微小な凹み状の面である。材質によっても異なるが、軟質材、いわゆるナマ材の場合に出来やすく、又、直径の大きいものほど出来やすい。

　(2) の場合は (1) と同様、心高が等高に維持されており、かつ、砥石エッジが鋭い場合、スパークアウトすることによって出来る。模様全体に亘って条痕のバラツキがなく、美しく、面粗度、平坦度とも精度良く理想の仕上げ面である。

　(3) の場合の模様は、条痕がクロスしているとはいえ、アヤメとスジメが同居している。この場合は被削面がゆがんでおり、平坦度が悪く、当然面振れ精度のよろしくない面となっている。性状も特異な光沢面になったり、焼け発生の仕上がり面になっているケースがある。砥石エッジが摩耗していたり、硬い材料の時にも発生しやすい。硬質材については、幾度もツルーイングを行い、常に砥石エッジを鋭くして研削を行うことがベターである。

　前述の内容を整理してみて言えることは、(2) の面は「平坦度がでている」という一応の目安にすることが出来る（創製されている模様がアヤメのときは、良好な平坦度の代替特性にすることが出来る）ということである。但し、高精度加工の要求仕様が出されている場合は、被削物の仕上がり面にストレートエッジを当ててみるとか、被削物を回転して、面振れを測定するなど出来具合を評価・確認することが大切である。

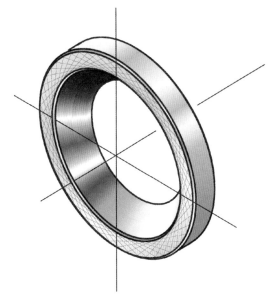

喰付刃
技術メモ〈日記〉⑲ （'98.1.12〜14加工）

第3章　アヤメ模様の作り方

3.1　美しいアヤメ模様作りの条件

　美しいアヤメ模様の研削面は、平坦度はもとより、振れ精度においても高い精度が作り込まれている。前章では、被削面の模様（条痕）に関連する諸条件について述べてきたが、アヤメ模様を創製するための条件としては以下の項目に要約できる。

　①両センター作業の場合では、主軸と心押し軸が等高で、ワークが砥石軸に対して水平に段取りされている（チャック作業の場合も、同様被削物が砥石軸に対して水平に段取りされている）こと。
　②砥石エッジが鋭利に成形され、よく切れること。

　③主軸（ワーク）回転数の選択が適正であること。

　④切り込み量及び切り込み、切り上げ操作のタイミングが適切に行われること。

　⑤被削物の前工程の作り込みが良好であること。

　⑥研削点とその周辺には十分な給水を行い、研削焼けを防止すること。

3.2 心高調節の概要

　心高の調整方法には、幾とおりかのやり方が考えられるが、実際の作業の中で既に実践してきた経緯と実績をもつ図 3.1 の方法が、最もやりやすい作業方法として定着した。

　テーブル摩耗が大きい老朽化した機械における心高調整作業の具体例を示せば、0.01mm 台と、0.001mm 台の高さ調節を踏まえる 2 ステッ

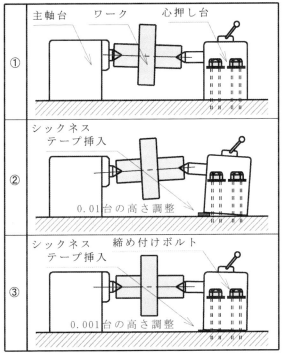

図 3.1　心高調節の要領

43

プを順次行っていくのがその要領である。

　図 3.1 −①は、心押し側低の状態にある。この心高を調節して、等高にするためには、まず、②のようにシックネステープ（厚さ 0.01 台）等のスペーサーを心押し台の底に噛ませ、心押し台のボルトを締める。ボルトの締め方としては、右側を本締めにして、左側は軽く締めておき増し締めしていく方法をとる。

　次に仮研削を行い、研削模様を確認し、心押し台の高低を判断する。次いで、左側ボルトの増し締め（又は締め戻し）と研削を交互に繰り返し、0.001 台の心高を調節（図 3.3）して、アヤメ模様が創製される最適の高さを求めていく。場合によってはシックネステープの厚さを替えたり、テープの置く位置をずらして行うこともある。ここでは概要のみを述べたが、もう少し詳細に説明する必要がある。この件については詳細を後述する。

3.3　0.01㎜台と 0.001㎜台の心高調節

　心高調節の段取りは、図 3.2 −①〜③の手順で行う。まず①で示しているように両センターで被削物を支え、心押し台の位置を決める。次いで被削物を取り外し、0.01mm 台のスペーサー（ここではシックネステープを用いる）を②のように挿入する。スペーサーの厚さは表 3.1 が示す旋回テーブルの位置によりほぼ決まっている。

　スペーサーの挿入が終わったら、図 3.2 −③ A のボルトを本締めし、0.001mm 台の調整をするため、ボルト B を仮締めする。ここまでが0.01mm 台の調節手順である。

　0.001mm 台の心高調節は、図 3.3 −④のように研削して、被削面条痕の性状を観る。スジメ模様の時は、⑤のように 0.001 メモリのスモールテストをセットして、B ボルトの微小増し締めを行い、研削・面性状観察・増し締めの手順で作業を進めこれを繰り返していく。

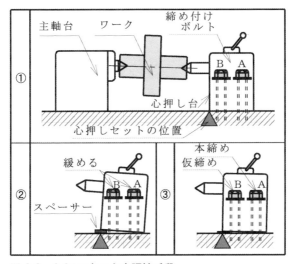

図 3.2　0.01㎜台の心高調節手段

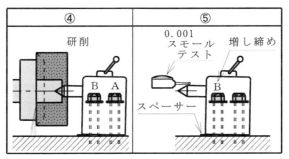

図 3.3　0.001㎜台の心高調節手段と要領

締め加減の目安としては、スジメ模様の時は 0.01mm 単位で，スジメアヤメ模様の時は 0.005 mm 程度、被削面の 80％程度がアヤメ模様の時は 0.002mm 程度という具合である。

作業区分 / アタッチメント / ワーク・スペーサー	両センター作業								チャック作業	
	支持センター								三方締めチャック	コレットチャックL
	ワークの長さ	スペーサーの厚さ	ワークの長さ	スペーサーの厚さ	ワークの長さ	スペーサーの厚さ	ワークの長さ	スペーサーの厚さ	スペーサーの厚さ	スペーサーの厚さ
スペーサー（シックネステープ）の厚さ	12(mm)	0.03	35	0.05	70	0.03	135	0.03	0.380	0.385
	14	0.045	40	0.02	82	0.03	190	0.03		
	15	0.03	45	0	96	0.03	195	0.03		
	16	0.045	49	0.025	97	0.03	230	0.045		
	17	0.045	50	0.025	110	0.03	280	0.045		
	21	0.045	52	0.025	115	0.03	330	0.045		
	24	0	53	0.025	125	0.03	355	0.055		
	28	0.03	59	0.025	127	0.03				
	30	0.03	65	0.025	130	0.03				

調整要領及び位置関係	※上の数値は、両センター作業、チャック作業とも、主軸尾部がテーブル端に位置している場合の時のものである（右図参照）。

表3.1　円筒研削（側面研削）アヤメ模様出し調整標準（津上用）
　　　　1982.2.9作成：高橋邦孝　調査・検討期間（1981.4.13〜12.5）

3.4 スペーサー厚さの選択方法（決め方）

図 3.4 −①に示しているように、スペーサーを挿入し、Aボルトを本締めBボルトを増し締めしていくと、心押し台の高さが②の拡大図のように沈んでくる。沈みの変移量は、a〜c間での範囲で、これを締め代と呼ぶことにする。

締め代は、0.02㎜程度が良く、ｂの位置の時アヤメ模様に仕上がるように、ｂ〜ｃは余裕の締め代として残るようにスペーサーを選択するとよい。ｂ〜ｃに余裕を作っておかないと、アヤメ模様に至らない段取

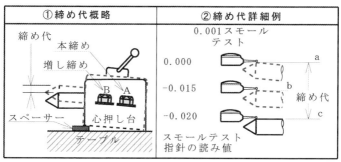

| ①締め代概略 | ②締め代詳細例 |

図3.4　締め代

りになってしまったり、ワークピースをトンボしたとき変化に対応出来なくなったりする。そうなると、別のスペーサーを選んで初めから段取りをやり直さなければならなくなる。b～cの余裕は0.005㎜程度がよく、アヤメ模様の確保とビビリを発生させずにすむ剛性確保の許容値だと考えている。

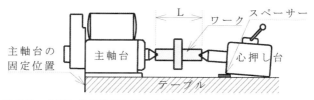

図3.5　心押し台の位置とワーク長

　スペーサー厚の選択は、日常業務中必要に迫られるから、表3.1のような早見表を作っておくとよい。これは、図3.5に示したように主軸台を一定の処に固定した場合の心押し台のセット位置に対応したスペーサー厚を予め作業中に調べ上げ、決めておくのがよい。又は、主軸台を一定の処に固定したときに段取りされたワークピースの長さ（図3.5のL）を目安にしてもよい。表3.1は主軸台を一定の処に固定したときに、

ワーク全長（L）に対応したスペーサー厚の早見表である。

　又、チャック作業の場合も、主軸台の底に挿入するスペーサー厚を表3.1のように決めておくと便利である。

3.5　適正主軸回転数の選択

　側面研削を行う際心がけたいことは、十分な給水の他に、砥粒の脱落と摩耗を極力避け、焼けや特異な光沢のない良好な仕上げ面を得ることである。

　機械の操作上からいえば、ワークの外径に見合った主軸回転数の選択と、切り込み量の設定、そして切り込み継続時間の標準化が必要である。主軸回転数の選択については、図3.6のような早見表を作っておくと便

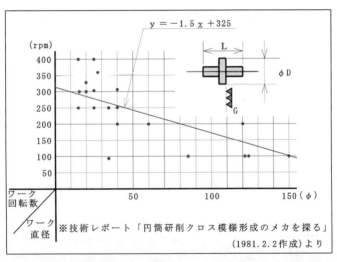

図3.6　アヤメ模様が創製された時の、ワーク外径に対する主軸回転数

利である。

　美しいアヤメ模様が創製されたデータを調査・解析してみると、被削物外径と主軸回転数との間には、図 3.6 に示すような相関のあることが判明した。

　図に基づきワークの適正回転数を得るとすれば、外径 φ 40 のとき 250rpm、φ 150 のとき 100rpm であ。ちなみに回転数（ｙ）はおおよそ y ＝－ 1.5 χ ＋ 325 の式から求めることが出来る。側面研削では被削面積のことも十分考慮しなければならない。この要素についての調査解析は十分になされてはいないことから、ここに言う適正回転数の「適正」は真の適正ではない。ここでは便宜上の用語として使用する。

3.6　切り込量と切り上げのタイミングについて

　側面研削の粗削りの手順としては、まずは①黒皮を削る（皮むきをする）、②アヤメ模様が創製できる段取りになっているかの確認、③仕上げ代 10 ～ 30μm を残して削るというのが大筋の手順である。

　アヤメ模様を確認する際肝心なことは、切り込み量（μm）の設定と切り込みから切り上げるために要する時間（研削継続時間）を測っておくことが必要である。

　切り込み量は、砥石を当ててから、ダイヤル指針の変移量（Ｚ軸方向のテーブル移動の長さを測る）で読みとる。又、時間 (sec.) は 1. 2. 3. ……50 と数えることで代替出来る。この数かぞえをうまく使いこなしていくことが美しいアヤメ模様を創製していく一つの骨になっている。例えば粗削りの時、良好にアヤメ模様が出来たとする。その時の切り込み量と研削継続時間（粗削りで数えた数）を仕上げ時に再現するのである。もっと模様の木目を細かくしようとすれば、数える数（スパークアウト時間の長さに相当する）を増せばよい。一連のこの要領さえ体得すれば、思いのままの面粗度のアヤメ模様を創製することが出来る。初心者は指導を受け、勘を捕らえるまで多少の訓練が必要である。

49

3.7 アヤメ模様の良否の見極めについて

　美しいアヤメ模様を追求する目的は、高精度の平坦度と直角度を具備した端面や段付き面を創製することにある。従って、この目的をもって研削がなされたものであるから、狙いどおりのものが得られたか否かを見極める必要がある。

　図 3.7 － a は全面がややアヤメ模様になった一例である。しかし b とは若干異なり、太い線と細い線が交錯している（外周周辺）。初心者のうちは、その違いを見落としてしまったり、経験者でも自分の技術に妥協してしまうことがある。a のような模様を有する面性状では、円筒スコヤ製作に於いては、直角度 2μm 以下の精度出しは難しくなる。研削面が中央凸になっているためであり、やはり目標とする模様は b のようにきめ細かなアヤメ模様でなければならない。妥協せず、もう一、二度段取りを修正して吟味することが望ましい。ちなみに、a の模様はもう少し研削時間を掛けると c の模様に推移していく運命にある。

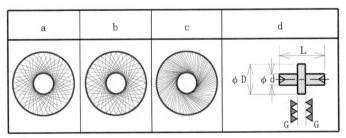

図3.7　アヤメ模様創製の見極め・吟味

　被研削面が大きい場合は目視で十分見極めできるが、こと小物となると見極めは難しい。この場合にはルーペで覗き込むと条痕がよく見える。模様にこだわる場合にはその見極め方を考えておくとよい。

パ ターン	創成された模様（条痕）	要因	対策	参照 ページ
1	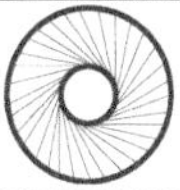	両センター作業の場合……「ワーク軸の「不水平」、心押し側が低い	ワーク軸を水平に、心押し側を高くする	19
		チャック作業 コレット作業 ｝の場合…… 「ワーク軸の不水平」、主軸台の先端部が低い	「ワーク軸を水平に」、主軸先端部を高くする	19
2		両センター作業の場合……「ワーク軸の不水平」、心押し側が高い	「ワーク軸を水平に」、心押し側を低くする	19
		チャック作業 コレット作業 ｝の場合…「ワーク軸の不水平」、主軸台の先端部が高い	「ワーク軸を水平に」、主軸先端部を低くする	19
3		砥石エッジ摩耗により、エッジの鋭利さがない	ドレッシング、あるいはツルーイングによりエッジを鋭利にする	21
4		砥石成形不良（砥石側面の一部に凸部あり） エッジ部の欠け 砥石の振れ	砥石側面成形 砥石のバランスをとる	21
5	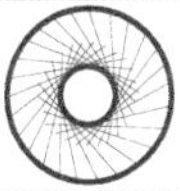 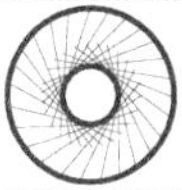	本質的にはパターン 1・2 と同じ ワークの回転が速い 切り上げが遅い	パターン 1・2 と同じ	26 31
6	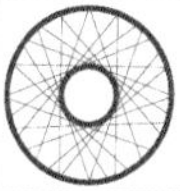	回転が遅い 切り上げが速い	回転を速くする。但し、回転を上げて、模様がパターン 1 あるいはパターン 2 になるときは、1・2 と同じ対策をとる	26
7	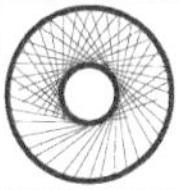 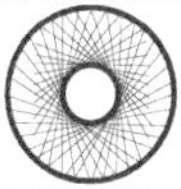	センター穴が真円でない	センター穴をセンター研磨する 回転を速くして切り込みを多くし、かつ、切り込み切り上げの連続操作を速くすると全面クロスした模様に近づく	24
8		ケレー空回り	ケレーを締め直す	15
9	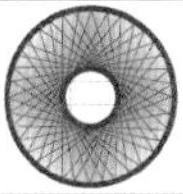	砥石の目詰まり 目つぶれ 目こぼれ	ドレッシング、あるいはツルーイングにより、エッジを鋭利にする。	34

図3.8　側面研削模様（条痕）に対する要因と対策

dは、両センター作業で両段付き面を研削したワークである。数もの
の場合、心間の長さに影響するワーク全長の異なったものが混入すると
いう厄介なこと（アヤメ模様の創製に影響する）があるから注意を要す
る。両センター作業に対しチャック作業の場合は一度良好な段取りをす
れば、段取りを崩さない限り、幾度でも何個でもアヤメ模様の創製が出
来る利点がある。

3.8　アヤメ模様作りの際の不具合と対策

　側面研削の際、発生する不具合は多様である。模様（条痕）の出来栄
えもその一つである。模様のタイプは、層別すると概ね図3.8－1～9(前
頁）のようになる。ちなみに図3.8 は、各模様が創製される要因と対策
を示したものである。

【参考資料等】

1) 円筒研削：側面研削加工面の品質の作り込み［1980.8］
(p49 ～ 64)

2)円筒研削：クロス模様研削を標準化するために…資料№1［1980.8］
(p65 ～ 78)

3)　　〃　：　　　　　　　〃　　　　…資料№2［1980.8］
(p79 ～ 88)

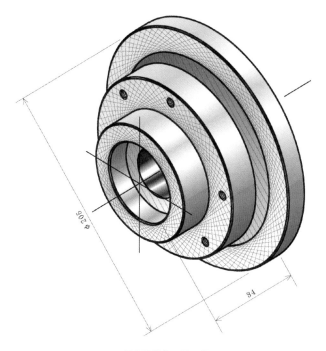

φ205

84

円筒研削盤フランジ

技術メモ〈日記〉18（'95.9.14加工）

第4章

円筒研削作業における
側面研削加工面の品質の作り込み

工機課：Ｇ２工程
　　　　髙橋邦孝
作　成：1980（S55）.8

　以下に示す記述は、1980 年下期のチャレンジ項目「クロス（アヤメ）
模様研削の標準書作成」を具現したものである。
　主な内容は、クロス模様形成のメカ及び条痕と研削面形状の関係を解
明した経緯、クロス模様形成のための技術的対策等である。
　纏（まと）めるに当たって、前期に既に観察・スケッチし整理しておいた「ク
ロス（アヤメ）模様を創製する側面研削加工を標準化するために（p.49
〜 63 及び p.65 〜 77）」と題した№ 1 資料と、1980 年 8 月に作
成した№ 2 資料（p.79 〜 88）を基にした。

〈目的・背景〉— なぜ、このテーマを取り上げたのか

①平面度（平坦度）
②寸法 　　　　　　　　がばらついて要求品質を満たし得ない

バラツキ発生の要因（出来れば原因）を究明し、要求
品質を満たすための側面研削作業標準書を作成する

〈側面研削作業概説〉
①段取り

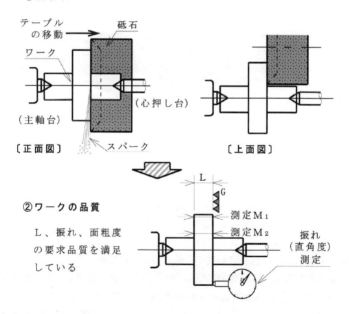

②ワークの品質

L、振れ、面粗度
の要求品質を満足
している

〈調査１〉── トラブル発生の現状はどの様になっているのか
(1980.2.14～1981.1.21)

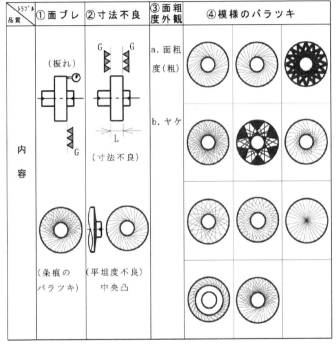

トラブル\品質	①面ブレ	②寸法不良	③面粗度外観	④模様のバラツキ		
内容	(振れ) G	G　　G L (寸法不良)	a.面粗度(粗) b.ヤケ			
	(条痕の バラツキ)	(平坦度不良) 中央凸				

今回は②と④の問題を解決
することにした

理由　　○寸法は要求品質の絶対必要
　　　　条件である。
　　　　○模様のバラツキが寸法精度に
　　　　影響しているのではないか。

〈解析1〉— 研削模様と砥石作業面の関係（模様）を形成している1本の条痕は、どの様なものなのか

例	模様	砥石の断面形状	砥石と模様の関係
①			肩の部分と先端が同時に作用してできる模様
②			砥石作用面が脱落又は摩耗した場合、幅のあるスジメ様ができる
③			砥石作用面が鋭利な場合にできる綺麗な模様

〈判った事〉1. 研削作用面の形状がワークの被研削面に写る
（作用面で引っ掻いた痕である）

きれいなスジメ模様を作るためには、砥石作用面を鋭利に保っていることが一つの条件になる

58

〈調査２〉― 調査１の②と④の関係 (被研削面の模様と平面度
〔側面から観た形状〕) の関係はあるのか

タイプ	被削面の模様				側面から見た形状	平面（且）度
A						○
B						×
C						×
D						×
E						×
F						×

〈判った事〉
1. Aタイプの模様 (アヤメの条痕) が平面度 (平坦度) を満たし
   ているーバラツキのないA④の模様を作る加工条件を研究す
   るのが今回のテーマの目標となる
2. スジメ模様が逆方向に発生する場合がある (どちらも中央凸)
3. B.D.E.Fのの模様はA.C模様の組み合わせた形になっていて、
   側面からみた形状も複雑になっている

59

〈解析2〉— 調査2を解析する（ワークの模様と断面形状が形成される状態を解析1で判明した事項を基に判断しみる）

タイプ	被研削面の模様	ワークの被研削面と砥石作業面の関係	
A			（注） H： 主軸側
B			
C	① ② ③ 第1ステップ 第2ステップ	① θ<0 ② θ>0 θ<0 第1ステップ 第2ステップ	T： 心押し 側
D		θ>0	θ： 砥石軸 とワーク軸の傾き度合
E	第1ステップ 第2ステップ	第1ステップ θ<0 第2ステップ θ>0	
F		θ<0	

〈判った事〉
①アヤメ模様が形成される状態—砥石軸とワーク軸とが水平であり、砥石作業面とワークの被研削面の間にスキマがない
②スジメ模様—ワーク軸が砥石軸に水平でなく、砥石作業面とワーク被研削面にスキマ（上に出る場合と下に出る場合）とがある
③特殊な場合C－③E・Fがある

60

〈調査3〉―作業（操作）方法の違いによって発生する研削模様

作業＼模様＼操作	スジメ模様	アヤメ模様		スジメアヤメ模様	備考
両センター作業 — 通常発生する模様	① ②	① ③	② ④	① ②	スジメ模様の①が特に多く発生している。数は少ないが②の逆の模様が発生することがある。
両センター作業 — 砥石の位置替えによって発生する模様		（中央のアヤメ模様）			
両センター作業 — 心押し台の高さ調節によって発生する模様				（スジメアヤメ模様）	
コレット作業 — 砥石の位置によって発生する模様	（スジメ模様）				

〈判った事〉
1. 作業方法（操作）によって様々な模様が出来る
2. 通常の両センター作業といえども、出来上がった模様に種々バラツキがある

標準化された模様を作るためには、各模様形成のメカを解明する必要がある

〈解析3〉―研削模様の形成と研削条件（調査3のアヤメ模様
　とクロス模様の関係を探求し、アヤメ模様形成の条件を探す）
　　〈表1〉

	模様形成の傾向			
模様 / 研削条件				
（砥石）鋭 ⇄ 鈍	― // →	← / ―	← / ―	
	← / ―			
（主軸回転）低 ⇄ 高	― // →			
	← /			
（切込量）大 ⇆ 小	← /			
（切込時間）小 → 大	― / →			

〈表2〉

	模様形成の傾向	
模様 / 研削条件		
（砥石）鈍 → 鋭	― // →	
（主軸回転）低 → 高	― /// →	
（切込量）小 → 大	― / →	

※表1～2は別
　冊No.2資料の
　データをまと
　めた物である

※ ― // → は模
　様の変化の方
　向と度数（発
　生回数）を表
　す

〈判った事〉

① 研削条件を一
　定方向に変化
　させると、模
　様は規則的な
　変化を示す

② 機械操作のバ
　ラツキによっ
　て模様もバラ
　ついてしまう

<table>
<tr><td colspan="5">〈解析４〉―模様と研削前のワーク断面形状の関係
（どの様に模様が出来上がっていくのか）</td></tr>
</table>

ワーク形状	ワーク 断面形状	研削始め	研削終り	備考
S55.6.19 （オーダー No.） 05－177－0 05－171－0 05－175－0	黒皮 （凹）	黒皮 G 面		両センター でセッとさ れたワーク が心押し台 側に倒れて いる
G （黒皮） （圧入ピン）	黒皮 （凸）	黒皮 G 面		
	黒皮 （凸）	黒皮 G 面		

〈判った事〉

　研削前のワーク面の形状は、研削仕上げ面の模様に
影響を与える

　研削前ワーク凸形状の物は、凹状に比べ模様がアヤ
メになりやすい

〈解析 5〉—アヤメ模様が形成された時の主軸回転数と、
ワーク形状の関係（アヤメ模様になる条件を探る）

[主軸回転数とワーク直径の関係]
（No. 1 ＆ No. 2 資料より）

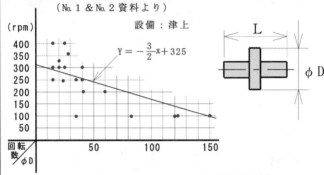

$$Y = -\frac{3}{2}x + 325$$

設備：津上

〈判った事〉

[ワーク全長と直径との関係]
（No. 1 ＆ No. 2 資料より）

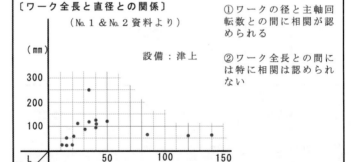

設備：津上

① ワークの径と主軸回転数との間に相関が認められる

② ワーク全長との間には特に相関は認められない

64

〈解析6〉—模様不良（スジメ、スジメアヤメ）を発生 させる要因のまとめ—主要因を探す					
解析例 要因	解析2 より	解析3 より	解析4 より	解析5 より	主要因
①砥石作用面と回転体の被研削 　側面が密着していない（砥石 　面とワーク面が平行に接して 　いない）。ワークの回転軸心 　が傾いている	○	○	○	○	◎
②ワークの回転が不均一	○	○			
③砥石作用面が悪い		○			
④回転が合わない		○		○	
⑤切り込み時間が合わない		○			
⑥研削前のワーク被研削面の凹 　凸			○		

〈判った事〉
・解析2〜5に共通している要因は①であり、①は側面研削
　不良模様を発生させる主要因ということになる
・②〜⑥も不良模様を発生させる要因となっている
・①の主要因及び②〜⑥の各要因を除去することが、側面研
　削アヤメ模様を作る作業条件となる

〈解析 7〉—解析 6 ①が、スジメ模様、スジメ・アヤメ模様
（模様のバラツキ）を促す主要因になっているか否かの検討

条件の設定	段取りと切込量	・H₁＞H₂・砥石切込量 L＞0の場合					
	回転数	主軸回転数：250rpm		砥石：1,500rpm			
※模様の形成過程							
※主軸累積回転数		1	2	4	N	N＋α₁	N＋α₂
模様の区分		◄─────── アヤメ ───────►				スジメアヤメ	スジメ
模様に与える影響		◄─────── 操作の影響力 ───────►				ワークの傾きの影響	
影響力の強弱		◄──────────── ＜ ────────────►					
備考		この範囲内で切り上げ操作 (難)　放っておけば必ずこの模様になる ※主軸累積回転数は模様の変化との関わりを判りやすく解説するために示したものである。切り込みを入れてからの時間経過と置き換えてもよ。ここで示す時間と模様の関係は実際のデータに基づくものではない。					

〈判った事〉—
　①模様がばらつく原因—砥石の切り上げ時点がばらついている
　②ワークの傾きの影響力を除去すれば、どの時点でもアヤメ模様になるはずである
　③解析 6 ①の要因が主要因になっている

66

〈対策とその検討〉——主要因を潰すための検討である。具体的には、回転中のワーク（回転体）の被研削側面と砥石作業面を平行に接触させるためには、どの様にしたらよいかという事である。

①立案のための構想のポイントをどこにおくか

　機械正面から見て、回転体の被研削面と砥石作業面を平行にするための操作はないものかという視点から、心押し台を昇降して、支持センター先端の高さを調節する幾通りかの段取り方法を考えてみる。

②案（S56〔1981〕2.21作成「円研クロス模様形成のメカを探る」より）

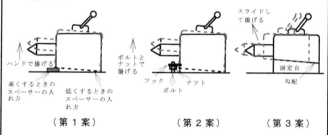

（第１案）　　　　　　　　（第２案）　　　　　（第３案）

③案の選定と問題点

a.心押し台をハンドで揚げ、スペーサーを挿入し高さを調節する第１案で進める。

　〔理由〕最も簡単な方法であり、実施に移せる可能性が高い。

b.問題点

　1）作業性の観点から

　　・実際ハンドで揚げ得るのか

　　・スペーサーはめ込みの操作性、所要時間はどうか

　2）テーブルの平面度を読み得るのか

　　・全ての長さのワークについて、それに対応し得るスペーサーの厚さを不都合なく選び得るのか

ライナー（ここではシックネステープ）を挿入し、心高を調整する事になるが、その際、テーブルと心押し台底の間にいかにしてスキマを作るかが課題になっていた。試行錯誤の末、以下に示す方法（テコを使う）が最も有効である事が判明したので、この方法を採用・定着させた。ちなみに、心高調節の際、心押し台の移動を防止する対策として、心押し台尾にストッパーを交う事を定着させ、円研段取り作業を標準化した。主軸台の場合についても同様である。アヤメ模様作りの技術が定着してからは、円筒研削段取りに水平展開し、著者が称する高精度円研段取り（①ワーク揃え〔両センター、チャック共〕→②心高調節→③平行出し完了の手順をもって段取り終了の考え方）が確立していった。

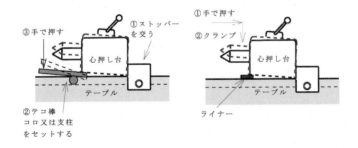

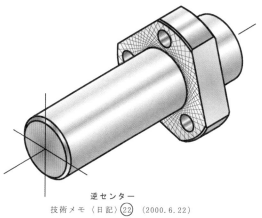

逆センター

技術メモ〈日記〉㉒ (2000.6.22)

クロス（アヤメ）模様を創製する
側面研削加工を
標準化するために

No. 1 資料

工機課：G 2 工程
　　　　髙橋邦孝
作　成：1980（S55）.8

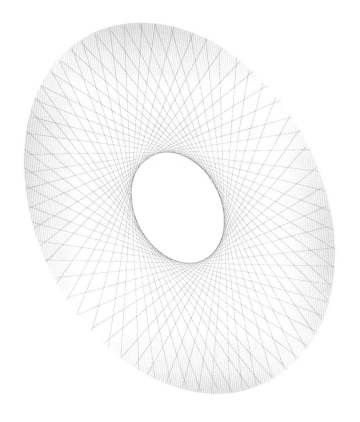

クロス模様の研究と銘打って、1980.2.14 頃からデーター取りを開始した。

　スタート時点では、目的も未だ明確にしておらず、当然どのような形でまとまるのか皆目見当はつかなかった。

　このような形状（材質）のワークを側面研削加工をしたら、このような模様が出来上がったという驚きを、ただひたすら記録していく模索の段階であった。

　記録の要領は、その時々の研削模様をスケッチし、その時の研削加工条件をノート〔技術メモ〈日記〉⑤～⑥〕に書き込んでいくというものであった。

　内 1980.02.14 ～ 06.24 間のデータを纏めてみたものが以下の記述である。当時の記述の中には、断定する言葉を使って力んで纏めている処がある。結論を出すのは未だ早く、今からみれば可笑しい。されど印象的な箇所である。

1 〈標準化の目的とその背景〉

1. 要求精度（軸に対するツバ部ないしは、端面の直角だし等）
   を常に満足し得る加工能力を有する必要がある
   ① 軸方向の高度な寸法だしに不可欠
   ② 軸受け面としての直角の必要性
   ③ 次工程での加工上の基準面
   ④ 寸法測定の基準面
   ⑤ 外観（美観）を良好にする　etc.

2. デキバエの品質のバラツキをなくす

   ① 必要なときにクロス模様を出せるようにする（ワークの形
   状、材質、砥石の条件、主軸回転数、切り込み量etc.の研
   削条件によりデキバエの品質がばらついているのが現状）

3. クロス模様が出る良好な研削条件を探し出し、ワーク形状
   の改善、研削能率の向上等、『作り方』の改善を図る

2 〈現状調査〉

1. 作業中に発生したクロス模様を『作業記録ノート』より
   摘出し、一覧表にした

2. 期間：1980(S55).2.14～5.23

3. 調査対象とその項目

   ① クロス模様の種類
   ② ワークの形状　：(1)ツバの直径　(2)全長　(3)センター
   　　　　　　　　　　穴の大小etc.
   ③ ワークの材質　：(1)ナマ材　(2)焼き入れ済みの材料etc.
   ④ 治具　　　　　：(1)心金　(2)打ち込みピンの有無
   ⑤ 砥石の状態　　：(1)エッジの鋭・鈍　(2)目詰まり脱落etc.
   ⑥ 主軸の回転
   ⑦ 切り込み〔量・速度〕
   ⑧ 研削液
   ⑨ その他

月/日	テストピース				加工条件とクロス模様				
				研削条件					
	オーダー No.	品名	形状・寸法	回転	切込	ドレッシング	レ	その他	模 様
2/14	——	モーター 回転子	65.5 3φ G	?	小	◎		平行 ナマ	
2/13	——	打ち込み ピン (2個取り)	6φ 16φ G 32	300 rpm	中	◎		SKS ヤキイレ	
2/16	——	——	G 20φ 8φ 37	300	中	◎		SKS ヤキイレ	
2/16	——	——	40φ G 20φ 10 123	250	中	◎		? ?	
2/15	——	——	36φ G 10 51 87	?	中	○		? ?	
2/16	——	——	60φ G 大 約120	150	中	◎		? ?	
2/16	——	20φ ピン		300				? ?	ＯＫ

74

対策 1 と結果						対策 2 と結果						備　考
研削条件				模　様	効果	研削条件				模　様	効果	（対策時要因として考えられたこと）
回転	切込	ドレッシング	その他			回転	切込	ドレッシング	その他			
?	小	◎		左同	×							・軸が細く長いため、切り込み時逃げるのではないか
?	中	○		（模様図）	○							・ドレッシングが悪い（目詰まり） ※ドレッシングをして同条件で研削
200	中	◎		（模様図）	○							・主軸回転速度が遅い

月/日	テストピース			加工条件とクロス模様				
	オーダーNo.	品名	形状・寸法	研削条件				模様
				回転	切込	ドレッシング	その他	
2/18	—	—	14φ 28 6φ G	400				光沢有り
2/18	—	—	36φ G 30 25φ センター穴大(大)	100				
2/18	—	—	25φ	200				回転が遅い
2/18	—	—	112φ 13 芯金	100				
2/18	—	—	センター穴大(大) 50 G	200				
2/20	—	—	36φ 芯金 2 8φ					
/	—	—	22φ G 12φ	250	×		SKSヤキイレ	焼け

76

対策 1 と結果							対策 2 と結果							備　考
研削条件				模　様		効果	研削条件				模　様		効果	（対策時要因として考えられたこと）
回転	切込	ドレッシング	その他				回転	切込	ドレッシング	その他				
200				模様が粗い		○	250						◎	※センター穴の大小は、必ずしもクロス模様に関係ないようである。L=30の間の円筒度0.015 〈判ったこと〉クロス模様は平行出しが絶対条件ではない。※砥石の外径をドレッシングすれば角が鋭く且つ外周とサイドが直角になっていると考えられる。従って被削物の円筒度（平行）が出ていなくともクロスするのでは？
300						◎								※砥石目詰まり ※切り込み量小 ※心金 等が考えられる ※回転数変更による効果無し
50				左同										
100						○								
50	×			焼け		×			◎				◎	・両面ともクロスせず ・対策2（砥石側面、外周のドレッシングにより、エッジを鋭く加工）円筒度0.02（12φ）に関わらず最良のクロス模様となる

月/日	テストピース				加工条件とクロス模様				
					研削条件				模　様
	オーダー No.	品名	形状・寸法		回転	切込	ドレッシング	その他	
2/27	02-060 -0	──	A　B センター穴(大) 25φ 40φ 15φ G G OK 105 NG		200		× 目詰まり		A面OK B面NG
2/25	①03-06 3-0 ②03-05 7-0 ③03-05 9-0	差替ブッシュ	心金 G				◎ 粗	SKS ヤキイレ	① 粗目
3/5	03-161 -0	コレットチャック	1/5テーパ M20 G G 10φ		300		◎	SKS ナマ	
3/14	──	── 2個	G 119φ 55		100		◎ 粗		
4/11	──	── 同類4個	打込みピン G 140φ 62		100	小	◎	SKS ヤキイレ	
4/16	──	── 2個	打込みピン G 119φ 62		100				
4/29	──	──	35φ G G 250		200			SUJ ナマ	

78

対策1と結果						対策2と結果						備　考
研削条件				模　様	効果	研削条件				模　様	効果	（対策時要因として考えられたこと）
回転	切込	ドレッシング	その他			回転	切込	ドレッシング	その他			
200		◎ 外周		（模様）	◎							A面OK B面NG
		◎ 中		②（模様）					○ 細	③（模様）		・心金を使って連続加工を行った。砥石エッジが目詰りし、あるいは摩耗・脱落が進むにつれ面粗度が良好になっていった ・同一回転数
100	大	◎		（模様）	◎							・スパーク研削（かなりの火花が出ている）でoffにする ・初物で左の模様になる・他3点は上の条件で
200				（模様）								
250	大			（模様）								

79

月/日	テストピース			加工条件とクロス模様				
	オーダー No.	品名	形状・寸法	研削条件				模様
				回転	切込	ドレッシング	その他	
5/19	—	—	センター穴大 60φ G G 80 →40φ	200			SKS ヤキイレ	
5/15 ~ 19	04-133 -1	レベラー用ローラ	60φ 40φ G	100		×	SKD	 黒皮
5/23	—	光学用 スピンドル	46φ 20φ G 460	100		○	(ナマ) SNC	
/								
/								
/								
/								

ブルと対策の結果〉

対策1と結果						対策2と結果						備　考
研削条件				模　様	効果	研削条件				模　様	効果	（対策時要因として考えられたこと）
回転	切込	ﾄﾞﾚｯｼﾝｸﾞ	その他			回転	切込	ﾄﾞﾚｯｼﾝｸﾞ	その他			
350		×			×							ﾄﾞﾚｯｼﾝｸﾞしたがｴｯｼﾞが鋭くなかった？
												・ｴｯｼﾞが鋭くない（丸くなっている） ・回転度が遅い。 ・硬度が高い。 ・※機械（大隈） ・※ｸﾛｽの逆有ｹﾞｰ時計方向
100		○	時間を掛ける (ﾅﾏ) SNC		◎							※かるくｽﾊﾟｰｸさせて(15秒程度)ｽﾍﾟｰｸに入った時点でOFFにする。 ・機械（大隈） ・砥石ｴｯﾄｼﾞやや良好 ・4本ともOK

4. 判ったこと

①模様：大別して9通りの模様が発生している

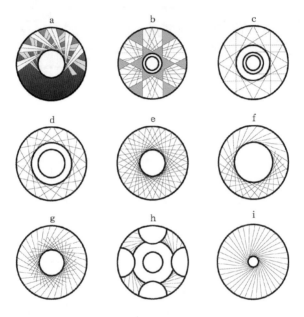

②模様が正逆に発生している
③平行出しはクロス模様の絶対条件にはなっていない
④ドレッシングによりエッジを鋭くすると、比較的クロス
　する例が多い
⑤ワークの形状、材質、回転速度(被削物)切り込み量等に
　よってデキバエがばらついている

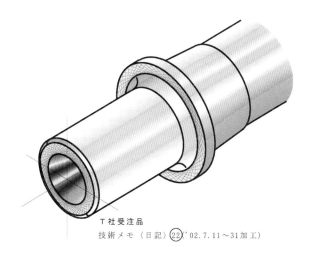

Ｔ社受注品
技術メモ〈日記〉㉒（'02.7.11～31加工）

クロス（アヤメ）模様を創製する
側面研削加工を
標準化するために

No. 2 資料

工機課：G 2 工程

髙橋邦孝

作　成：1980（S55）.8

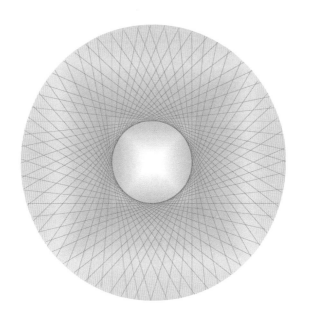

　端面研削作業の品質向上を図るため、1980 年 14 下期チャレンジ（個人業績評価システム）対応の一環として、1980.05 初頭～1981.01.21 迄、クロス模様の観察及びそのスケッチを行った。

　以下に示した図は、側面研削加工の都度ノートに記録〔（技術メモ〈日記〉⑥～⑦）〕したメモをリストアップしたものである。

　この資料は、後に職場及び社内向け技術教育資料「**万能研削盤による アヤメ模様（研削条痕）の創製**」の作成（1990.09.25）に際し活用した。

1 〈標準化の目的とその背景〉

1. 要求精度（軸に対するツバ部ないしは、端面の直角だし等）
   を常に満足し得る加工能力を有する必要がある
   ① 軸方向の高度な寸法だしに不可欠
   ② 軸受け面としての直角の必要性
   ③ 次工程での加工上の基準面
   ④ 寸法測定の基準面
   ⑤ 外観（美観）を良好にする　etc.

2. デキバエの品質のバラツキをなくす

   ① 必要なときにクロス模様を出せるようにする（ワークの形
   状、材質、砥石の条件、主軸回転数、切り込み量etc.の研
   削条件によりデキバエの品質がばらついているのが現状）

3. クロス模様が出る良好な研削条件を探し出し、ワーク形状
   の改善、研削能率の向上等、『作り方』の改善を図る

2 〈現状調査〉

1. 作業中に発生したクロス模様を『作業記録ノート』より
   摘出し、一覧表にした

2. 期間：1980(S55).2.14〜5.23

3. 調査対象とその項目

   ① クロス模様の種類
   ② ワークの形状　：(1)ツバの直径　(2)全長　(3)センター
   　　　　　　　　　　穴の大小etc.
   ③ ワークの材質　：(1)ナマ材　(2)焼き入れ済みの材料etc.
   ④ 治具　　　　　：(1)心金　(2)打ち込みピンの有無
   ⑤ 砥石の状態　　：(1)エッジの鋭・鈍　(2)目詰まり脱落etc.
   ⑥ 主軸の回転
   ⑦ 切り込み〔量・速度〕
   ⑧ 研削液
   ⑨ その他

テストピース				模様（条痕）と加工条件				
					研削条件			
月／日	オーダーNo.	品名	形状・品名	模様	回転	切込	ドレッシング	備考
5／？	05-089-1	スラドピン	12φ　6φ　50		400		中	SKSヤキイレ 軽く切込み スパークアウト寸前でoffにする 4本
6／11	—		コレット　G　砥石 （注）センターより手前寄り					SKHヤキイレ 6本表裏 （12ヶ所） 同じ模様
6／12	06-003	基準ピン	83φ　20φ　G　58		100		鋭	・断続切込み方式 ・スパーク量 大
6／19	05-177-0	基準ピン	72φ　G	黒皮				（加工前ワーク凹レンズ型の場合） 加工前断面 外周近辺から削れてくる
6／19	05-171-0	基準ピン	同上 72φ　G	黒皮				（加工前ワーク凸レンズ型の場合） 加工前断面 内周近辺から削れてくる

テストピース				模様（条痕）と加工条件				
月/日	オーダーNo.	品名	形状・品名	模様	研削条件			備考
					回転	切込	ドレッシング	
6/19	05-175-0	基準ピン	同上 72φ G	黒皮				
6/20	—	—	手送り 15φ G 機械送り G		300 300			クロス模様のヒントになる？ SKS（ヤキイレ） 送り： トラバース 速さ： 21目盛 ※一部クロス
6/24	—	—	手送り 20φ 16φ G ← 60 → ダイヤルゲージ 同一目盛まで追い込む		320		中	・SKS（ヤキイレ） ※ダイヤルを使って定位置まで切り込む ・細目のクロス

88

テストピース				模様（条痕）と加工条件				
					研削条件			
月/日	オーダー No.	品名	形状・品名	模様	回転	切込	ドレッシング	備　考
6/24	06-202-0	ポンチ ダイ	―36φ ―56.5―	〔荒〕 〔仕上げ〕	150 350		中 中	SKS（ヤキイレ） ※継続的に繰り返し切り込む（速く） 一部クロスの状態にして仕上げに入る 〈実験1〉
7/3	06-064-0	テスト バー	20φ―12φ ダイヤル		400 400	0.001 0.001		SKS（ヤキイレ） 4本 ・2本 細目のクロス模様 ・2本
7/4	06-111-0	差込 ブッシュ	―10φ 芯金	細目のクロス	400	0.008	鋭	SKS（ヤキイレ） ※早送り
7/4	06-060-0	受け コマC	26φ ヤトイ	細目のクロス	350	0.005		SK5（ヤキイレ）
7/4	06-060-0	受け コマA	40φ―26φ 10φ センター穴 大	細目のクロス	300	0.005	鋭	SK5（ヤキイレ）

テストピース				模様（条痕）と加工条件				
月/日	オーダーNo.	品名	形状・品名	模様	研削条件			
					回転	切込	ドレッシング	備　考
7/8	—	ﾍﾞﾙﾎﾙﾀﾞｰ用（Bﾀｲﾌﾟ）ﾔﾄｲ	40φ 18φ	かろうじてｸﾛｽした	350	0.020	×	・SKSﾅﾏ ※早送りして何とかｸﾛｽした
7/30	—	ﾃｽﾄ ﾊﾞｰ	120.5φ ←330→	ｸﾛｽ面粗い	荒50 仕上100	0.010		・ﾅﾏ 切り込速く 後ｸﾛｽさせて再研削した （ｸﾛｽさせないで面をきれいにした）
9/26	09-100-0	—	L 18φ 20φ 8φ G G L=55、L=50	× ｸﾛｽせず ○ ｸﾛｽ良好	350		○ 荒	・SKSﾔｷｲﾚ ・砥石が切れない ・2個 ﾂﾙｰｲﾝｸﾞ（一方向ﾄﾞﾚｯｼﾝｸﾞ）
10/1 〜 10/2	09-158 157 155 156	心金 〃 〃 〃	L d1φ d2φ d3φ G G	ｸﾛｽ良好 荒目 ｽﾊﾟｰｸさせoff 繰り返し切り込み 細目 ｽﾊﾟｰｸｱｳﾄ			○ 鋭	・SKS ・繰り返し切り込み ・1/5勾配 ﾂﾙｰｲﾝｸﾞ

L	d1φ	d2φ	d3φ
107	15	25	18.5
127	15	35	28
89	10	40	6

テストピース				模様（条痕）と加工条件					
月／日	オーダー No.	品名	形状・品名	模様	研削条件			備　考	
					回転	切込	ドレッシング		
10／9	10-025-0	基準ピン	42φ ← → 25φ G	× クロスせず	荒 250 仕上 400	0.002	鋭 鋭	条件を揃えたがクロスせず	
10／24	12-040-0	受け ゴマ	20 20φ 3.93φ G 7±0.02					※心押し台の下に0.1の敷き板を入れ心高にして切り込んだ	
			心押し軸段差の現状 ダイヤル スタンド 主軸 段差 心押し台 L					※敷き板を外し、心高を低くして切り込んだ 中央の模様が逆になり外周付近がクロスしている（中央部分が先に削れている）	

L	主軸側	心押し側	段差
65	0	-0.06	-0.06
125	0	-0.06	-0.06

テストピース				模様（条痕）と加工条件				
月/日	オーダー No.	品名	形状・品名	模様	研削条件			備　考
					回転	切込	ドレッシング	
12/25	12-166-0	ガイド ピン	$20\phi\ ^{\ 0}_{-0.01}$　滑合 20ϕ　G　G　17 ± 0.01	心押し台の心が低くなっている 心高になったらどうなるか				G面の平面度が出ず 凸　G　G ※ストレートエッジを当ててみると凸になっていることが判った
12/25	12-161-0	受け ゴマ	$30\phi\ ^{\ 0}_{-0.01}$　G　$\leftarrow 15 \rightarrow$	心（低） ※心押し台に0.1のスペーサーを入れた 心（高）				凸　G 凸　G ※心押し台が心（高）でも心（低）でも研削面は凸面になる。しかしスジメは逆方向に変わる ※クロス模様生成のメカを探る鍵となる

| | テストピース | | | 模様（条痕）と加工条件 | | | | |
| | | | | | 研削条件 | | | |
月/日	オーダー No.	品名	形状・品名	模様	回転	切込	ドレッシング	備考
1/7	12-183-0	コレット 本体	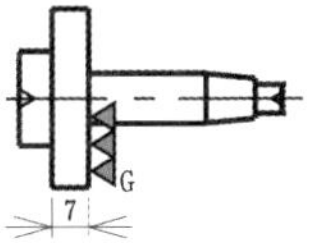 7 G	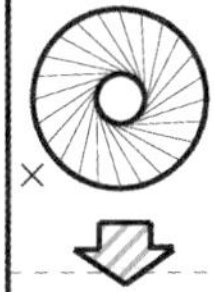 × × 同上				砥石（小） 砥石（大） ※新規砥石
1/8	—	—	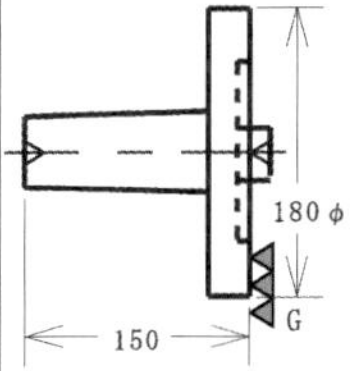 180φ 150 G	 Ⓐ Ⓑ [拡大] 				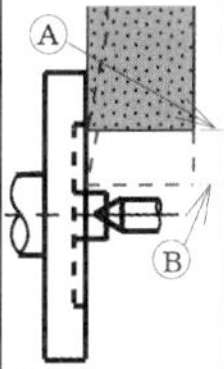 注砥石の位置 ⒶⒷ Ⓑで仕上げた時、Ⓐの条痕 左図のようにクロスした
1/21	—	—	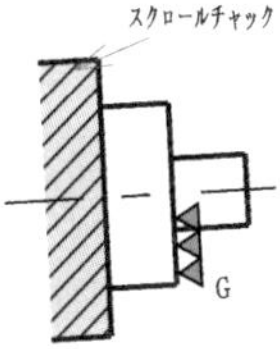 スクロールチャック G	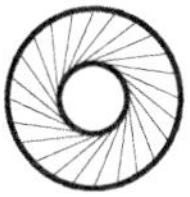				主軸先端が高くなっている

93

アヤメ条痕模様の創製を

水平展開するために

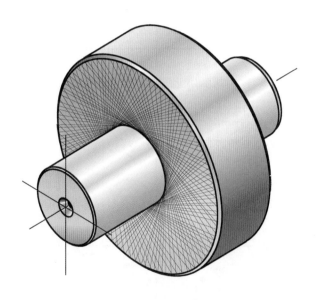

Studer-S30（円筒研削盤）の調査事例

1988.06 マザーマシンの認識の基、Studer-S30 が導入された。以後当設備のパフォーマンスを引き出すため、歳月を掛け、動特性や静特性の測定・調査を行い、各種の特性を把握していった。

　前者につていは主軸の回転精度、砥石の動的バランス、切り込み速度、送り速度、スティックスリップ現象等の測定、後者については、心押し繰り返し動作の際に生ずる位置変移、テーブル各位置に於ける心押し台心高測定、ライナー挿入位置に於ける心高の測定等を行っている。

　社外からの受注も増え、物作りの精度と速さが共に求められる機運が高まり、円研作業の一担当者として、特にアヤメ条痕模様の創製を当設備に水平展開していく必要があることを察した。

　とりわけ著者のこだわりとしていた側面研削アヤメ模様については、その創製を容易ならしめるため、ライナー（厚さ３種類）挿入位置に於ける心高の測定を行い、心押し台の特定位置での心高変移傾向（特性）を捕らえた。以下に示す記述はその事例である。

　自己の技術思想である「アヤメ条痕＝高精度の平面」の堅持と、それを更に追求していく姿勢は、その後も途切れることはなく、定年に伴う退職の時点まで続いた。

Studer-S30(万能研削盤)に関する

1. 主軸台・心押し台・旋回テーブルの位置関係調査 ('98.2.10)

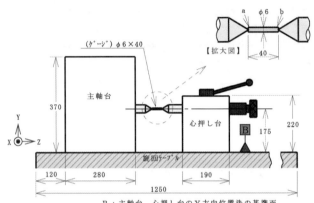

B：主軸台、心押し台のＹ方向位置決の基準面

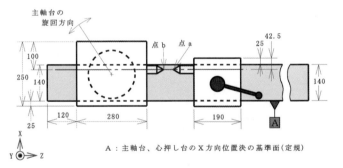

A：主軸台、心押し台のＸ方向位置決の基準面(定規)

2. 心高測定 ('98.2.16)

心高差：0.012心押し側が低い

φ6×40ゲージを用いて

Studer-S30（万能研削盤）両センター作業に於ける

アヤメ模様創製の段取りと調整・記録　（'98.6.26）

現状：段取りの調整に時間が掛かり、かつ、所要時間が
　　　ばらついている
対策：段取り精度を確保し、かつ、所要時間を確保する

品名	ワーク・全長	最終心高差	使用スペーサー厚	支持センター	備考
ガイドポスト	290	心押し側高 46μm	46μm	L=5	'98.06.26
フランジ(MT6)	180	—	30μm	※1 ロングセンター	'98.07.03 '98.06.26を参考に計算して
プッシャー	30	—	10μm/7mm	L=3	'98.07.17
ベアリング受け	40	—	20μm/5mm	L=3	—
心金(治具) テーパーフランジ	140	—	30μm/10mm	L=10	—
基準軸	55	—	20μm/5mm	L=2	'98.07.27
ワーク受け	42.4	—	※2 ※4 30μm/5mm	※3 L=3	'98.08.03
—	65	—		L=2	'98.08.17
歯切り治具	151	—	30μm/20mm	L=5	'98.11.18
基準ピン	15	—	30μm/2mm	L=1.5	'98.11.25

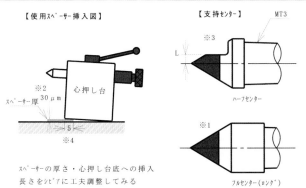

【使用スペーサー挿入図】

心押し台
※2 スペーサー厚 30μm
※4 5

スペーサーの厚さ・心押し台底への挿入
長さをシビアに工夫調整してみる

【支持センター】　MT3

※3
L
ハーフセンター

※1
フルセンター(ロング)

Studer-S30ﾁｬｯｸ作業に於けるアヤメ模様創製の調査('98.7.1)

1. 主軸精度測定
ｺﾚｯﾄに、φ6ﾃｽﾄﾊﾞｰをくわえ、Z方向の倒れ
を測定する。先端部がL=25に
つき6μm高い。

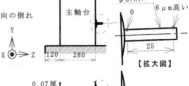

2. ﾃｽﾄﾊﾞｰの倒れ修正のための操作
ｽﾍﾟｰｻｰ厚の計算： $\dfrac{0.006}{25} = \dfrac{x}{280}$　　x=0.0672

∴0.07厚のライナーを主軸台尾部に挿入し、
軸の傾きを修正する。

3. 側面研削加工と模様
砥石：57A、被削材：SKH51(HRC64〜)
模様：ｽｼﾞﾒ模様(このことから判断すると
砥石軸に対し主軸先端下がりの状態にある。
逆に砥石軸が水平でないとも言える。
従ってｹﾞｰｼﾞによる水平出しは意味がなく
削ってみることが肝心である)

4. 挿入ライナー厚さ調整及び研削加工と模様
t=0.07→0.01
模様：右図(修正の効果有り。但し、いまだし)
微小ながら首下がり

5. 挿入ライナー取り外し、研削
ライナー　t=0.01→0(取り外し)
模様：右図(狙いとする模様に近づいている)

6. ライナー挿入、研削
ライナー：厚さ0.03を5mm主軸台先端部に挿入
砥石：57A
模様：右図(微小ながら首上がり状態に変わる)

7. ライナー調達と研削
ライナー：0.03→0.015/20mm　　　OK

8. ﾁｬｯｸ作業　アヤメ模様の段取り調査・記録

品名	主軸台の位置	挿入スペース厚さetc.	備考	
ﾂﾙｰｲﾝｸﾞ工具(CBN用)	ﾃｰﾌﾞﾙ左端より402mm	0.015/12mm	SKH	'98.7.1
ﾌﾗﾝｼﾞ(MT4)	402	同上	NAK55	'98.7.2
ﾊﾌﾞ	402	同上	SUS400(熱処理有)	'98.7.14
	402	同上	G04	'98.7.30

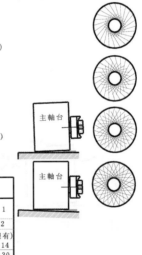

Studer-S30(万能研削盤)に於ける

アヤメ模様創製に関する「段取り要領の模索」と「心高調整のための調査」

1. 心高調整段取り

('99.7.13)

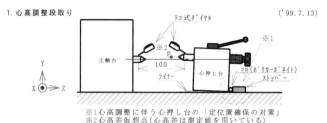

※1 心高調整に伴う心押し台の「定位置確保の対策」
※2 心高差仮想点(心高差は測定値を用いている)

2. 心高調査

①スペーサーの挿入位置詳細

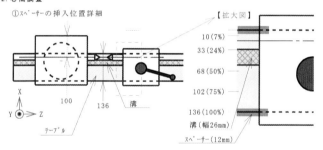

【拡大図】

10(7%)
33(24%)
68(50%)
102(75%)
136(100%)
溝(幅26mm)
スペーサー(12mm)

②心高差(テーブルの特定位置にスペーサーを挿入した時の)と変移(挿入位置に伴う)

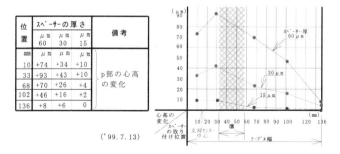

位置	スペーサーの厚さ			備考
	μm 60	μm 30	μm 15	
mm	μm	μm	μm	
10	+74	+34	+10	p部の心高
33	+93	+43	+10	の変化
68	+70	+26	+4	
102	+46	+16	+2	
136	+8	+6	0	

('99.7.13)

99

円筒研削『側面研削作業手順書』

　1992年度上期には、万能研削盤の技術・技能者育成のための訓練指導の要請があり、その指導を実施した。

　その際、次期訓練に備え、Studer-S30 に関する訓練マニュアル（10項目 52 細目に亘る）を整備するに至った。

　右に示すアヤメ模様創製に関する側面研削作業手順書は、既に実施・励行しきた作業を、上述訓練マニュアルの付随資料として纏^{まと}めたものである。

側面研削作業手順書 (1992.9.26)

ステップ	作業内容	急所	理由
① 側面成形	1. 角度成形	・12°（設定角度）	逃げの角度確保
② ﾄﾞﾚｯｼﾝｸﾞ	1. 砥石外周ﾄﾞﾚｯｼﾝｸﾞ	・φ0.05／1回 ・総切り込み量φ0.03	目詰まり防止
③ ﾜｰｸ・位置決め	1. 切り込み(Z方向)位置決め	・ﾀﾞｲﾔﾙｾｯﾄ	作業を容易にする 安全を図る
④ 粗研削	1. 皮むき 2. 研削面模様確認 3. ｱﾔﾒ模様出し(ｽﾍﾟｰｻｰ挿入、研削)	・黒皮を完全に削り落とす ・ｱﾔﾒ模様 ・ｱﾔﾒ模様	模様の確認をする 精度出し(寸法、平面) 〃
⑤ ﾄﾞﾚｯｼﾝｸﾞ	1. 砥石外周　ﾄﾞﾚｯｼﾝｸﾞ	・送りを遅く	仕上げ面の 精度確保
⑥ 仕上げ削り	1. 試し削り 2. 模様確認 3. 振れ測定 4. 寸法出し	・粗削り面を完全に削る ・ｱﾔﾒ模様 ・仕様の許容値内 〃	各精度確認 平面精度を得る 要求精度を 達成する 〃

第1部のまとめ

　円筒研削に於けるアヤメ模様の創製について、如何にこだわってきたか、その一端を拾い上げ示してきた。

　いつの頃どんな形で得た知識か定かではない。美しいものは何等かの原理や原則あるいは法則に従っているのだということを記憶している。アヤメの幾何模様創りにこだわりを抱き続けたのも、この記憶に支配されていたと言っても過言ではない。

　職場という大きな組織の中では出き得るものではないが、人知れず芸術品紛(まが)いのようものを創ろうと心がけていて、密かにこれを技能者の誇りとしていた。いま思えば、この思いが著者の円研技術の向上に大いなる力となった。

　チャックに被削物を銜(くわ)えたり、両センターにワークを取りつけたりすることが円研の段取りと思い込んでいた時期があった。平行出しが盛り込まれ、アヤメ模様が出来る状態にして円研段取りと定義づけるようになったのは、かなり後になってからのことである。そして、この段取りの考え方が著者の称する円研加工に於ける精密加工の礎となった。

　時は経ち、時は巡りアヤメ模様の面の特性が製品の試作に於ける精密加工に使われる時が来た。感激であった。極微小の緩やかな擂(すり)鉢形の面が、ラッピング加工でワークの安定を得るのに非常に都合のよいものであることが判明した。アヤメ模様の加工面は試作に於けるラッピング加工の前工程になった。ちなみに、この考え方は量産に水平展開され、砥石に微小な角度をつけ研削面を得る方法に置き換えられた。

　Studer-S30（円筒研削盤）が導入されてからは、社外からの受注が増えてきた。アヤメ模様は見栄えがよく、入魂の思いで作り込んだ。納品に品格が添えられるので、一技能者としては作り甲斐があった。

　定年退職後、近くの体育館に通った。トレーニング室の扇風機にスジメ・アヤメのデザインを見た。懐かしく観入った。

第2部

要求仕様Φ1μm公差の
パーツを研削する

第2部によせて

　当記述は、1990年10月職場内若年技能者に対する技術指導の一助
となることを期待して書き上げた鉛筆書きの書を、新しく描き替えした
ものである。読み返してみると随所に乱暴な内容や至らない点があり、
当時の若気の至りを痛感しているところである。

　書き下ろした頃は、試作モーター（空気磁気軸受）のメインパーツに
係る鏡面円筒研削加工法の開発に明け暮れていて、難しい加工といわれ
ていた品物がうまく出来上がったと思っていても、お褒めに与ることも
なく、モチベーションがガタ落ちという日々が続いていた。まさに自惚
の時代であった。

　丁度この頃、次長であった熊谷義昭氏から、職場内若年技能者への指
導をお願いしたいという旨の要請があった。オーダーを受けた時は耳を
疑った一方で嬉しかったことを今も鮮明な記憶となって残っている。技
術技能の継承を重要と考えている上司がいるんだという証をこの時しか
と心に刻み込んだ。

　されど、実際の指導となると諸般の事情もあり、即実施ということに
はならなかった。幸い部内には技術メモの蓄積を推進するための制度が
あったので、これに便乗する形をとり、現時の円筒研削加工技術を技術
書としてまとめることが出来た。目的に資するため不徳の身も顧みず主
に課内を回覧した。

　扉の絵は、当時愛用していた設備 Studer-S30 の切り込み系操作部分
のスケッチを改めて描いてみたものである。自慢にはならないが、私の
技術の中では一度も写真を撮ったことがない。物を良く観る姿勢を貫き
たいという愚直なこだわりが付きまとっていたからである。

　ドキュメントの記述を出来るだけ崩さないで保存することにしてきた
関係上、編集に際しては一貫して虚心坦懐を心がけた。

序

　扉の絵は、要求仕様φ1μm公差のワークピースの研削加工品のイメージを醸し出すため、加工品の外径と現在研削加工を行うため使用している設備・Studer-S30（精密円筒研削盤）のX軸ハンドホイル及び微小切り込みノブを示したものである。

　Studer-S30は、1988（S.63）年7月に導入された。以後精密円筒研削加工の試行錯誤を繰り返し、オーダー品の研削加工を行い今日に至っている。一方、当設備は、マザーマシーンと位置づけられて導入された経緯があり、その取り扱いについては、特に注意を払ってきた。

　一般に高精度の設備さえあれば、1μmオーダーの品物などは容易に加工できるものだとする風潮がある。しかし、実際にはそのようにはならない。1μmオーダーの品物をさりげなく加工していくということは決して易しいものではない。室温・湿度が都合良く管理された環境が整備され、その中に高剛性・高精度の機械を配置し、高精度の測定機器、砥石とその関連機器を取りそろえて、且つそれぞれが有するパフォーマンスを余すところなく引き出す技能者がいてなし得るものである。

　今後サブミクロン仕様の加工に携わる者に求められることは、物性をわきまえ、加工材料や加工設備の特性を十分知り、これらに逆らわない領域において、加工する方法を見出し、技能・技術を定着させていくことが肝要である。ちなみに、1μmオーダー加工の現時点での歩留まりはといえば、90～95%程度であり、技量不足を痛感している。

　このような背景があり、胸を張って披露できる技能にはほど遠いが、若年技能者に対する技能教育の要請がある関係上、そこを押して、φ1μm公差の円筒研削（外筒）加工と銘打って、円筒研削加工の現状（金型、治工具、試作部品加工の職場に於ける）を紹介させていただき、円筒研削加工の基礎的な技術として伝わることをささやかに願っている。随所にある至らない点、折に触れ各位の御指導を賜ることができれば幸甚に思う。

尚、設備（Studer-S30）及び高精度測定機器の導入、並びに恒温室の設置等、課長技師・安部隆雄氏には大変なお骨折りを戴き今日に至っている。このことを申し添え謝意を申し上げる次第である。

1990.10.31
生産技術２課　試作グループ
髙橋邦孝

第1章　研削砥石バランス精度の確保

1.1　研削砥石の静的バランスと動的バランスについて

鏡面研削加工に於いては、通常の研削加工とは異なり、φ1 μmとかφ0.5μmの細かい切り込み、場合によっては更にφ0.25μmの切り込みに及ぶこともある。

このような切り込みを行うというときに、仮に、切り込み量より大きい砥石の振動（動的バランス）が起こるのでは話にならない。砥石の動的バランスの悪さは、被研削面の面性状や寸法だしに大きく影響するからである。従って、φ1 μmオーダーの研削加工においては、砥石のバランス取りは一つの重要な項目になる。

現行法としては、図1.1で静的バランス（静的釣り合い試験）取りを行いその後、図1.2で動的バランスを測定し、評価・確認するという手順で進めている。

静的バランス取りには、幾種かのバランシングスタンドの中で特に測定精度が高いと評価されている天秤式スタンドを用い、動的バランス測定にはバラントロン（図1.2 自動バランス取り器）に内蔵されている振幅測定器を用いて行っている。

静的バランス取り、並びに動的バランス取りの詳しい内容については、後述する。

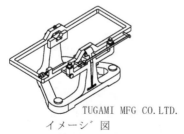

TUGAMI MFG CO.LTD.
イメージ図

図1.1　天秤形バランス取り器

balantoron 2230B

図1.2　balantoron 2230B

1.2　砥石の静的バランス取りと動的バランスの測定

図1.3は、天秤形バランス台による静的バランス取りの概念を示した図である。

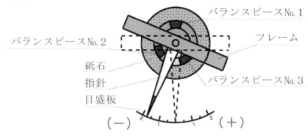

図1.3　天秤形バランス台略図

天秤形による砥石のバランス取りは、バランスピース1、2、3をそれぞれ真上に位置させ、指針（フレームに直結している）が、目盛板（スタンドと直結している）の任意の同位置に落ち着ついた時に、バランスが取れたとする考え方を基に、バランスを取っていくやり方である。

表1.1は、その具体例である。まずバランスピースNo.1を真上に位置させた時、指針は－1.6のところに止まっている。続いてバランスピースNo.2を真上に位置させた時、指針は－1.9のところに止まっている、はたまたバランスピースNo.3を真上に位置した時は、指針は－1.7のところに止まった。

バランスピース No. 指針の位置	1	2	3
1回目	－1.6	－1.9	－1.7
2回目	－1.8	－1.8	－1.8

表1.1　バランス取りの結果

アンバランスを修正するため、バランスウエイトNo.1を時計回り方向に微小移動し、そしてこのNo.1ウエイトを真上に位置させた。このときの指針の位置は、目盛－1.8のところに移った。他の二つ（ウエイト

No.1＆No.2）のバランスウエイトをそれぞれ真上に位置させたところ、両者とも－1.8のところに停止した。そして全て－1.8のところで指針が停止した。これは、静的バランスが取れたということを示している。

　バランスウエイトの調整の為の微小移動は、目感で且つ手操作で行っている。又指針の読みは、慣れて来ると1目盛の1/10まで読み取れるようになる。このようにして得た静的バランスも、設備に取り付けて砥石を回転して使うときに振動が起きるとすれば、静的バランス取りの意味が無くなる。そこで実際の研削加工作業を行うときは、砥石を円筒研削盤に取り付け、砥石を回転させ、図1.4が示す要領で、動的バランスを確かめる（測定する）。

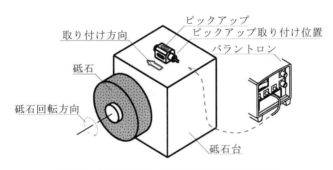

図1.4　砥石の動的バランス測定要領概略図

　現在行っている方法は、バラントロン（自動バランス取り器）を用い、この器械に内蔵されている振動測定器で測定を行っている。具体的にはピックアップを、砥石軸の上に且つ砥石の回る方向に沿うように取り付け、砥石回転数に同調させる操作を行い、振動（振幅の大きさ）の値を読みとる。自動バランス取り器はアナログ方式で、値の表示は対数目盛板上を移動する指針の位置で読み取る仕組みになっている。バランスの度合いは振幅の大きさで現れ、バランス精度は、指針が止まった位置で読み取る。

　現在、砥石のバランス取り精度は、この一連の手順を踏まえ、動的バ

ランス精度を 0.1µm レベルに押さえている。ちなみに、日常のバランス
取り作業を通じて、静的バランス取り精度を、1/10 ～ 2/10 目盛の範
囲に収めれば、動的バランスは 0.05 ～ 0.20µm に収まるという、砥石の
動静バランス精度の関係が判った。

1.3　砥石の静的バランス取り作業手順（天秤形バランス台による）

　砥石を新規に取り付けるところから、バランス取り、砥石成形の手順
とその作業内容は次のとおりである。

手　順		作　業	急　所・備　考
1	砥石にフランジを挿入する	砥石のラベルに油を塗布し、砥石にフランジを挿入する	砥石・フランジ間に隙間（ガタ）があること。ガタがありすぎるときテープを巻く
2	バランス台の水平出し	①レベル調整ツマミにより、レベルをだす	気泡を円の中心に誘導する
		②指針を目盛板の 0 点に合わせる	フレームに装着しているバランスウエイトを調節する
3	バランス台へセットする準備	①フランジにマンドレルを挿入する ②フランジに分度器を取り付ける（有ると便利、無くとも良い）	分度器（薄手のボール紙で作ると便利）―バランサー振り分け用

4	バランスをみる	①軽い部分（↑印）を確認する ②↑印が無いときは、軽い方向を探す	軽い方向を示している
5	バランサー取り付け（3個）	①↑部に基準バランサーを1個取り付ける ②対称に振り分け2個取り付け	↑印の数字かバランサーの重さより大きいときは、逆に取り付ける
6	バランス測定	①各バランサー取り付け部を頂点に位置させる ②その時の指針を読む ③メモをとる ④差異（振れ）を求める	図1.3参照 同上 表1.1参照 同上
7	バランス微調節	①最接近している外側の指針に対応しているバランサーを移動させる ②他の2指針位置の中央に、指針が来るようにバランサーを移動し、調節する	指針を動かしたい方向と逆方向にバランサーを動かす。指針の落ち着き位置が、許容値（1/10～1/5目盛程度）に収まればよい。
8	砥石成形	砥石を機械に取り付け、砥石外周並びに側面のツルー・ドレッシングを行う	全周と側面が取りきれるまで（削り残し無し）行う
9	砥石成形後のバランス取り	3、6、7を繰り返す	

第2章　高心円度、高円筒度の加工条件確保

2.1　センター穴精度の重要さと精密研削加工に携わる姿勢

　下図 2.1 は、円筒研削加工がなされたワークピースの断面形状を誇張して示したものである。

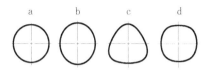

図2.1　円筒研削加工物の断面形状

　円筒研削加工によって出来上がる形状には、a 真円形状のもの、b 楕円形状のもの、c 等径ヒズミ円（オムスビ）形状、d 多角形ヒズミ円形状のもの等がある。

　一般的に両センター円研加工の仕上がり形状は、センター穴の出来具合に左右されるといわれている（その他アンバランスなケレーの使用、段取りの悪さ etc. がある）。例えば、図 2.2 に示しているように

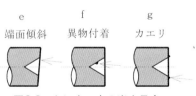

図2.2　センター穴の出来具合

　端面が傾斜しているところにセンター穴を明けた e の場合は、矢視方向から観ると楕円になっている。又 f はセンター穴面に異物（むしれの突起物の場合もある）が付着しており、g のように端面とセンター穴の稜線にカエリがあるものもある。はたまた、図 2.3 のように $\alpha > 60°$ のものもある。

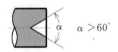

図2.3　60°より鈍角のセンター穴

　しかし、異形状に仕上がってしまったものは、必ずしもセンター穴の悪さばかりとは言い切れない。ワークピースの重さより遙かに重いアンバランスなケレーを使った場合とか、心押しの強弱、回転数の選択の悪さなどが出来具合に影響してくる。このようなことは、研削加工上の知識として念頭に入れておく必要がある。

　ϕ 1μmオーダーの研削加工を可能にするには、まず、図2.4が示しているセンター穴が必要である。従って、前工程と連繋をとって常に良い穴形状のワークピースを作ってもらうことが大切である。

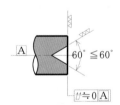

図2.4　理想とされるセンター穴

　又、両センター作業に於ける外研加工の仕上り具合は、前工程のセンター穴の出来具合に大きく依存しているのだということを強く認識し、研削作業の段取りや研削加工条件の設定を吟味していく姿勢が重要である。

2.2 円筒度許容値の確保（平行出し）

　ストレートもののシャフトを高い円筒度に削り上げていくことを円研仲間では平行出しと言っている。一般に軸物はストレート部分の精度出し作業が多いことから、平行出し作業は基本的な作業であり、且つ、要求精度によっては高精度出しの技術を要する作業ともなっている。

　下図2.5はストレートもののシャフトを円筒研削加工した時にできるワークの断面形状を層別して示したものである。

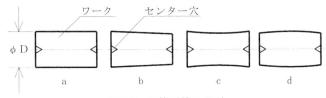

図2.5　円筒形状の層別

　aは円筒精度の高い形状であり、bはテーパーがついた円筒である。又cは中央が凹になっている鼓形状、dは中央部が膨らみ太鼓形状になっている。bについては旋回テーブル操作上の問題（テーパー修正）を残しており、c、dについては研削加工条件（砥石幅、オーバーラン、送りスピードetc.）に問題が残されている。

　平行出し作業は、スイブルテーブル（旋回テーブル）の操作によって進められる。テーブル旋回の操作は一般には作業者の勘によって行われているが、早見表を使って旋回量を把握して行う場合もある。勘によって行われる場合は、的確性を欠いたテーパー修正となることが多い。これに対し後者の場合は比較的加工精度・作業性とも良好で、前者との差は歴然としている。このことから早見表は ϕ 1μmオーダーの加工に必要不可欠なソフトと考えている。テーパー修正早見表が円研加工上重要且つ必要であることから、テーブル旋回操作と合わせ具に後述したい。

　一方、砥石幅が広くオーバーランが比較的短い場合には、図2.5のcの形状に仕上がることが多く、オーバーランが長い場合にdの形状にな

117

ることが多い。砥石の幅は、ワークピース長を基に砥石作用面の幅を調整（砥石成形を行って）する必要がある。又、オーバーランについては砥石幅と送りスピードの絡み（図 2.6 参照）の中で決めるのがベターである。

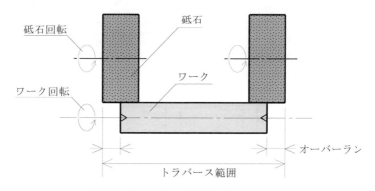

砥石回転

砥石

ワーク回転

ワーク

オーバーラン

トラバース範囲

図2.6　トラバース範囲とオーバーラン

図 2.5 a の形状に限りなく近いものが容易に作ることが出来れば、φ 1μm許容の研削加工は易しくなる。従って、平行出し作業は、円筒研削加工時の基本的・基礎的な作業であると言える。且つ又、砥石幅、送りスピード、オーバーラン等加工条件の絡みを旨く組み合わせ調整しながら行っていく作業でもある。

2.3　テーパー修正（テーブル旋回操作）と早見表

今、両センター作業で図 2.7 のようなワークピースを削ったとする。そしてA部とB部の直径を測定したところ、φ△の差がでたとする。ストレートバーを作ろうとすれば、旋回テーブルを必要とする量だけテーブルを旋回させて、テーパーを修正しなければならない。

その際、ダイヤル目盛で幾らテーブルを旋回させればよいのかということになるわけであるが、これは、図 2.7 が示すφ△と図 2.8 のＬ１及

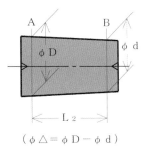

$(\phi \triangle = \phi D - \phi d)$

図2.7　研削加工されたワーク(L₂)の円筒度

びL 2によって決まる。

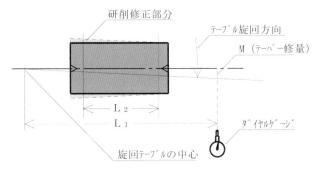

図2.8　テーパー修正要領図

　ちなみに、これによって求めようとする修正量（ダイヤル目盛の量）は次に示す式（式2.1）で求めることができる。

$$M = \frac{L_1}{2} \times \frac{\phi \triangle}{L_2} = \frac{L_1 \times \phi \triangle}{2 L_2} \quad \text{（式2.1）}$$

テーパー修正作業の能率を上げるために、（式 2.1）を基に、測定間隔（測定長）L 2のときのφ△に対応した修正量（ダイヤル目盛量）を示したものが下表 2.1 のテーパー修正早見表である。あらかじめ作成しておくと非常に便利である。

（L₁＝300のとき）

φ△ (μmm) ＼ L₂ (mm)	1.0	1.5	〜	10.0
0.5	150	100	〜	15
1.0	300	200	〜	30
1.5	450	300	〜	45
2.0	600	400	〜	60
2.5	750	500	〜	75
3.0	900	600	〜	90

求める修正量（90 μmm）
（テーブル旋回量＝ダイヤル目盛）

表2.1　テーパー修正早見表

　使い方としては、測定長 L 2 が 10㎜でφ△が 3㎛であったとき、テーブル端付近にセットされているダイヤル目盛で 90㎛時計回り方向にテーブルを旋回するというように上表を活用すればよい。
　より精度の高いテーパー修正を行うためには、測定間隔 L 2 の把握と、φ△の基となる図 2.7 のφ D、φ d の正確な測定を行い正確な値を求めることが重要である。

2.4 高精度の平行出しと研削段取り及び研削加工条件との関係

トレランスϕ1μmオーダーのワークピースの研削加工面となれば、通常0.8s以下の鏡面仕上げ加工が要求される。

図2.9は、あるワークピースの鏡面研削加工の段取り図である。砥石幅は、ワークピース直径、全長、材質等を念頭に置いて、経験的に決められる。ここでは、砥石幅9mmに成形した例を示す。

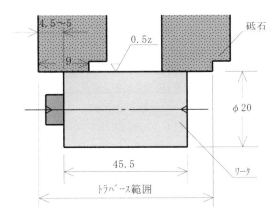

図2.9　鏡面研削加工段取り図

研削送りスピード46mm/min（主軸1回転当たり砥石幅の1/36に相当する）オーバーランは、砥石幅の1/2〜5/9を目安に4.5〜5mmになるように段取りをした。この条件は、試行錯誤の末に得られたもので、図2.5aに限りなく近い円筒度が得られている。

ワークピースが凹（図2.5c参照）の形状に削られるときは、砥石幅を大きくして対応することがベターであり、又、研削送りは、それに見合った速度を選択しなければならない。仕上げ研削加工の送りスピードは、通常主軸1回転当たり砥石幅の1/8程度である。それに対して図2.9

121

の研削加工では、1/35 程度である。すなわち、鏡面研削加工に於いては、砥石幅・オーバーランの関係を維持しながら高精度な平行出しを進めるとともに、一方、研削加工のスピードは遅くする必要がある。これらの関わりを維持しながら、いわゆるクリープフィード研削加工（表 2.2）で行うことになる。

鏡面研削加工条件	
材質	SUS420J2　HRc49～53
砥石	EK320B5　幅9mm
主軸回転数	180rpm
ワーク周速度	12.3m/min
研削スピード	46mm/min
砥石周速度	2,000/min

表2.2　鏡面研削加工条件

第3章　微小削り

3.1　機械の動特性把握（Studer-S30 の例）

　微小削りを専らとする特性を伴う代表的な機械加工に鏡面研削加工がある。

　鏡面研削加工を行う際に φ 0.5μm、φ 0.25μm の切り込みをしようとしたとき、位置制御が出来ず定着位置が 1μm、2μm と変移するとすれば、砥石台の位置決め（X軸方向）が再現されず、鏡面研削加工は安心して出来るものではない。油断すると（以下に示す動特性を念頭に入れておかないと）思わぬ失態を招いてしまう。油圧駆動機械による加工に於いては得てして、スティックスリップ現象が起こることを指摘している文献も数多ある。

　図 3.1 は、図 3.2 に示す段取りにて Studer-S30 の一動特性（切り込

みの繰り返しと経時に伴う砥石台の定着位置及び定着時間（秒）の関係）を捉えたものである。この図から次のことが明らかになった。

　一つは、経時とともに、砥石台の定着位置（X軸における）が前進してくるということ、その二は切り込み一回々々の定着位置が必ずしも定まらないということ、三つ目は、微小前進の定着時間（秒）が、経時と共に漸増する傾向があるということである。そして四つ目は、微小前進の定着までに約30秒を要する（1個1ヶ所1㎛加工のような特殊な加工の切り込みを行うときは、この時間を経ることが必要となる）ことが判った。

　又、ここではデータをもって示していないが、マニュアル操作による切り込み（図3.2が示している0.001目盛調整ノブの切り込み）に於いては、ノブで切り込みを操作してから約6秒後に所定の位置に定着する。即ち6秒の反応時間が必要であるとする特性があることが別のテスト・調査で明らかにしてきた。

　従って、Studer-S30に於ける実際の1個々々の鏡面加工作業では、この特性を生かすことが極めて有効であり、次の手順・操作で行ってきた。

　はじめに急速前進操作を行い、次いで微小前進30秒を経るのを確認し、0.001目盛調整ノブで所要切り込み量を切り込み、経過6秒を確認し（切り込み定着位置到達完了とし）、送りを掛ける（トラバース操作に移る）という具合である。

　量産と異なる1個々々の加工や、部分的な鏡面加工を行う時のような精度の高い切り込み操作を行うときには、上に挙げたような機械の諸々の動特性をしっかり捉え、これらの特性を有機的に組み合わせ、機械（設備）を使いこなしていくことが肝要である。

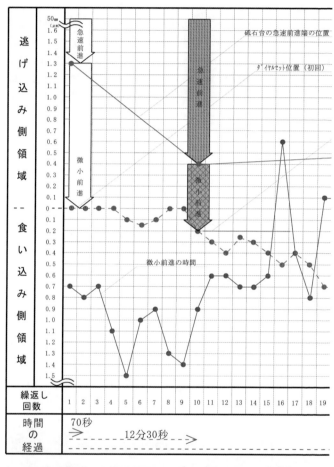

図3.1　砥石台を繰り返し前進後退させた時の、急速前進端位置及び微

124

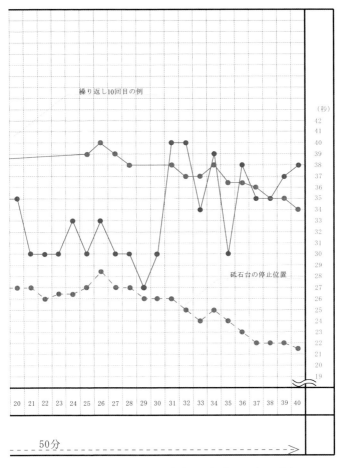

繰り返し10回目の例

（秒）

砥石台の停止位置

50分

小前進端停止位置、並びに微小前進時間の推移に関する調査

125

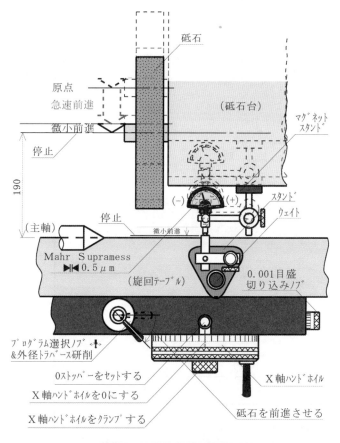

図3.2　切り込み特性測定段取り

3.2 切り込み目盛とその活用

Studer-S30 には、φ 1μmの切り込み目盛が刻まれているX軸微調節切り込みノブ（図3.2、図3.3参照）が具備されている。

トレランスφ 1μmの寸法許容値を有するワークピースを加工していると、あとφ 0.25μm、あるいはφ 0.5μm切り込みしたいという時がある。その際には、削れる削れないという問題は別として、一目盛を分割して切り込み量を読み取る方法で、切り込み操作を行うようにしている。図3.3 の（2）（3）（4）（5）は、φ 0.25μm、φ 0.5μm、φ 0.75μm、φ 1μm、の切り込み要領を示したものである。

ノブの目盛幅（図3.3青色）は、基線（図3.3赤色）と同幅になっている。従って、（1）の位置から矢印方向に切り込みノブを回し（2）のようになったときφ 0.25μm切り込んだことになり、（4）の時にはφ 0.75μm切り込んだことになる。

要求精度φ 1μmというようなワーク加工の切り込み操作では、少なくとも、φ 1/4μmの切り込みが出来るよう訓練し操作を慣らしてきた。又、微小切り込みの正確性を期す必要があることから、ノブを一回転（φ 0.1mm）逆回してバックラッシュを除去することを習慣づけてきた。

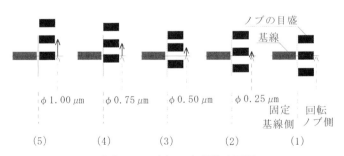

図3.3　φ1μm以下の切り込み要領
X軸微調節切り込みノブ（Studer-S30の例）

127

3.3 一方向トラバース、往復トラバースにおける微小削り

　ここでは金型、治工具、試作部品等、量産加工とは異質の工法によって行ういわゆる単品加工（一個だけしか加工しないというような品物の加工）の場合について述べる。

　除去加工によって仕上げられる表面の粗さを表示・指示する三角記号を、研削加工の面粗さ領域に対応させてみると、▽▽▽は普通研削加工▽▽▽▽は鏡面研削加工に相当する。

　鏡面研削加工は、砥石による加工でありながら、塑性領域加工であり、研削加工のやり方としては、研削加工のスキル上普通研削加工とは一線を画しておかなければならない。

　普通研削加工における寸法出しは次の手順で行っている。まずワークピース表面に赤マジックインクを塗布し、その後砥石をワークに軽く当て、マジックの色をとる(微小値で削れる)。次いで外径寸法を測定する。その時、削れた分（直径：極微小値である）を把握し、削れ具合（マジックが消えたときに直径でどれだけ削れたのか）を念頭に入れておく。寸法出しは、「この量に必要とするだけの切り込み量（直径で）を加えた分である」とする切り込み操作で進めていくやり方で行う。

　繰り返し作業を行っていると習熟し熟練するので、実際の作業ではマジックの消えていく微妙な変化を捕らえることが出来るようになり、同時に、切り込み量の判断が出来るようになる。ちなみに即必要とする量の切り込みができ、許容値内の寸法が出せるようになる。実際のところ、ここに費やす時間はほんの瞬時のことであり、説明が難しい。一般的には技能的に処理していくという表現になってしまう。

　一方、鏡面研削加工に於いては、それが簡単には出来なくなる。削れている場合もあるし、削れていないこともあるからである。マジックが消えたからといって、削れているとはいいきれない現象が起きるのである。赤マジックの消去は削れた削れないの目安にはしているものの、このマジック塗布法には確実性を欠くところがあり真の頼りにはなってくれない。寸法を測って変化が無ければ再度一連の手順を経て削らなけれ

ばならない。塑性領域加工であるから切り込みは微小値（最終仕上げの際の切り込みは φ 0.3µm 程度が限度であろう）、この辺の切り込み作業はファジーの世界であり、技能を必要としているところである。従って、別に微小研削加工法を工夫しておくことが必要である。

　例えばトラバース加工では時間経過と共に微小値の切り込みが期待できる（時間経過と共に砥石台が微小に変移・前進する特性がある。図 3.1 参照）から、加工時の動特性を有効に活用することが可能である。当たり（砥石とワークが接触した状態）の時の赤マジックの消え具合を基にトラバースして研削加工を行う場合、「一方向トラバース」と、「往復トラバース」とでは、加工時間とこれに伴う砥石台の切り込み変移（前進する）量等の差が出てくることから、削れる量が違うということは申すまでもない。微小なトレランスの許容値が指定されたワークの寸法出しをする時には、この両者の選択・使い分けを行うことは、微小切り込みを可能にしていく固有技術上の重要なヒントとなる。勿論砥石の切れ具合や、研削加工中の弾性変移によっても削れ具合が違ってくるのであるが、まめに寸法測定を行い、その時点での削れ具合を把握し、技能的に微小削りを繰り返し行い、寸法出しを行っている。更に言及すれば、同目盛で切り込んで幾ら削れたとか、一方向トラバースでどれほど削れたとか、往復トラバースでどれだけ削れたかの測定を経てどれだけ削れたのかを把握し、それを切り込みの際に重要な情報として生かしていくという気難しさを伴う微小削り法である。

　このように、単品加工の寸法出しには砥石の当て方、マジックの消え具合の観察、切り込み操作等を慎重に行いながら、且つトラバースの仕方、回数等を使い分けてタイミング良くフレキシブルに微小削りを行い、トレランス φ 1µm オーダーの研削加工を行っているのが実状である。

第4章　寸法測定に関して考慮しておくべき諸事項

4.1　寸法被測定面、ブロックゲージ、ワークピースの清浄

　寸法測定に欠かせない準備として、測定器の測定面、ブロックゲージ、ワークピースの清浄作業がある。それらの表面に異物が付着していたとすれば、1μmオーダーの寸法測定としては正確を欠くことになる。従って精密な寸法を測定する場合には、まず測定に関わるそれぞれを清浄することが大切である。

　万能研削盤（Studer-S30）の作業では、Blasocut 895（ブラザー製ソリューブルタイプ）を使用しているが、寸法測定の際研削液の成分や異物が測定対象物の表面に付着し、精密測定を阻害することがある。

　通常、ワークピースの清浄は、ベンジン（図4.1a）で行っているが研削液成分が付着乾燥すると、汚れがなかなか落ちにくい。この事態に速やかに対応するため、研削液が水溶性であるという特性を生かして、予め水道水を入れた容器（図4.1b）を準備し、白ウエスあるいはキムワイプ（図4.1c）を水にひたし、ワークの汚れを拭き取り、次いでベ

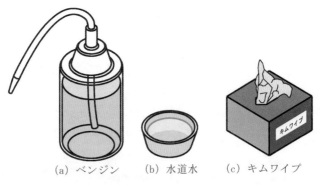

(a) ベンジン　　(b) 水道水　　(c) キムワイプ

図4.1　清浄用具等

ンジン（図4.1a）で付着している油脂分を拭き取ると、きれいに清浄することが出来る。他の薬品（エチルアルコール等）で清浄する方法もあるが研削液は切削液を水で希釈したものであることから、水道水とベンジンを使って十分清浄効果を上げてきており、このやり方が定着している。水溶性の研削液を使用している場合であれば、1種～3種まで全てに応用出来る清浄法である。

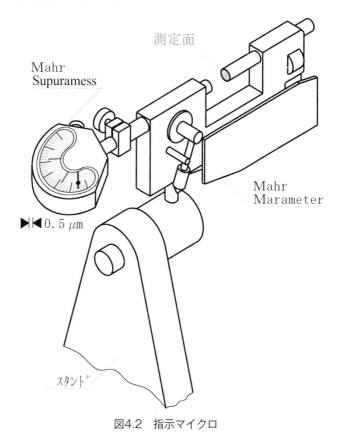

図4.2　指示マイクロ

寸法測定後には、ブロックゲージ（図 4.3）や、図 4.2 が示すスタンドに固定したマラメータにスプラメスをセットした指示マイクロ形態の測定器の測定面、かつワークピース加工表面等に、油を塗布し速やかに格納し、防錆を励行したいものである。

4.2　リンキングと測定器指針のゼロ点合わせ

高精度もの寸法測定は、比較測定によって行われることが多い。比較測定は、まずブロックゲージの長さを測定器に転写することから始める。

被測定物の寸法に最も近い長さのブロックゲージを選択・用意し、測定器のアンビルとスピンドルの間にこのブロックゲージを挿入・位置させ、セットレバーを操作して指針を目盛板のゼロ点に合わせる。

被測定物の寸法測定はゼロ点からの変移量（ブロックゲージ長に対する±）を読み取ることによって行う。このような手順で測定が進められることから、指針のゼロ点が狂っていたとすれば、その分だけ測定値に誤差が生ずることになる。従って、この誤差を限りなく小さく押さえることが大切であり、この器械のパフォーマンスを引き出すキーになる。

ブロックゲージは、測定物の規格寸法に合致した単体を使う場合もあるが、2 枚あるいは 3 枚と重ねて（リンキング）使用されることが多い。特にリンキングして使用する場合は、手からの熱伝を小さく押さえるために、速やかに密着させる必要がある。手から伝熱によるブロックゲージの膨張は、後に、測定誤差の要因になる。

リンキングの際、留意しておくべきもう一つのことは、ブロックゲージに付着している異物の完全な除去である。清掃の方法には前述 4.1 の項を参照されたい。

ブロックゲージが清浄されると、次は指針のゼロ点合わせの作業に移る。指針のゼロ点合わせの際にはブロックゲージを掴むことになるが、指からの伝熱を避ける策として、セーム皮を介して（図 4.4）ブロックゲージを押さえ・支持して使用する。

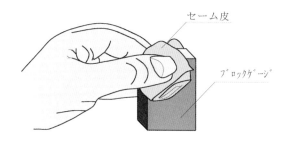

図4.4　ブロックゲージの掴み方

　ゼロ点に合わせた指針は、経時と共に若干変移することがある。時々この点も念頭に置いてブロックゲージをアンビルとスピンドルの間に挿入し、調整レバーを操作してゼロ点合致を点検・確認をすることを励行しなければならない。

4.3　比較測定器のパフォーマンスを引き出すために

　精度の高い測定器も使い方に誤りがあれば、精度の高い測定は出来ない。今、ブロックゲージをマラメータの測定面（図4.5のアンビルとス

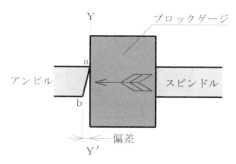

図4.5　マラメーター測定面の偏差

ピンドル間）にセットして、スプラメスの指針（図 4.6）を目盛板のゼロ点に合わせたとする。

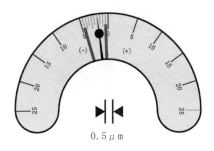

図4.6　Spramessのメモリ坂と指針

　ゼロ点の指針位置は、ブロックゲージがスピンドル面とアンビル a 部で挟まれている時の状態を示している。もし、仮に b 部でブロックゲージをセットするとすれば、指針は図 4.6 が示すマラメータの（−）側方向に動く。両測定面（Y−Y′）間には偏差があるから十分に注意を払う必要がある。従って、測定面の何処が一番高い（図 4.7 参照）のかをマークしておくことが大切である。逆にいえば、a の部分でワークピー

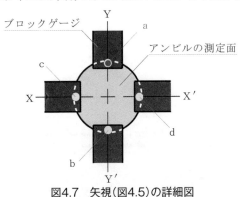

図4.7　矢視(図4.5)の詳細図

スの測定を行うのがベターなのである。ちなみに、ゼロ点調整は、繰返し誤差が無いことを確認しておくことはいわずもがなである。

　研削加工では、通常研削液を給水して行っている。従って、ワークピースには研削液や異物が付着し、測定の際にその悪さが現れる場合がある。又、ワークピースを室内に直接さらしておくと空気中の異物が付着することもある。研削液は、水溶性であり、水によく溶ける。この理屈に合わせ水（水道水で可）を用意して図 4.1 で示した要領にて処理すると最良の測定表面が得られる。更に測定面のみならず、被測定面を清浄することも、測定器のパフォーマンスを引き出すことに通ずるのでこの方法を用いることがベターである。

　はた又、指針の位置は、経時とともに変移して、不測の事態が起こることがある。ときどき、ブロックゲージをセットし直し、忠実にゼロ点調整を行うことが大事である。

第5章　　温度差への対応

5.1　温度差による測定誤差の補正

　恒温室のような特別な室であろうとも、図5.1が示しているように加工時のワークピースと測定器には温度差が出る。このような場合に、より正確な寸法測定を行うには、温度差分の補正を行って処理されなければならない。

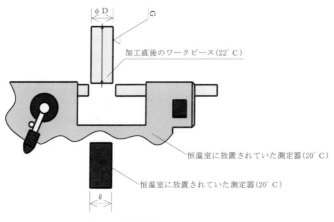

図5.1　温度差

　図5.1の場合、測定器とブロックゲージが20℃の状態にある。ちなみに、これから測ろうとするワークピースの温度は22℃になっている。この温度差を無視して測定すれば、2℃の温度差分（図5.2 a 表5.1）即ち実質よりも φ 4μmプラスとして測ってしまうことになる。そして温度が20℃に下がった時には物理的に φ 4μm縮んでいるというわけである。従って、測定値は予め縮む量を見込んで、実測値を補正して読み取ることが肝要である。

加工物の直径が小さくとも、トレランスが厳しいワーク、あるいはラフなトレランスでも大径のもの、あるいは、膨張係数の大きいものについては、常に、温度差というものを念頭に置き、加工及び寸法の測定を行うことが大切である。また、よく使われる材質の加工物については、表 5.2 のような膨張量早見表を作って寸法測定に活用すると作業上非常に便利である。

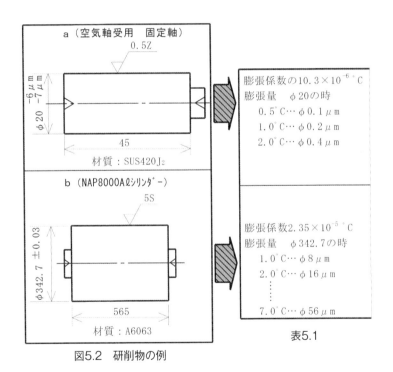

図5.2　研削物の例

径別　膨張の割合　　Fe系　線膨張係数 11.7×10⁻⁶

外径φ	20℃±1℃の径でミリ	2	3	4	5	6	7	8	9	10	11	12	13	14	15
10	0.000117	0.000234	0.000351	0.000468	0.000585	0.000702	0.000819	0.000936	0.001053	0.00117	0.001287	0.001404	0.001521	0.001638	0.001755
15	0.000176	0.000351	0.000528	0.000704	0.000878	0.001056	0.001232	0.001408	0.001584	0.00175	0.001936	0.002112	0.002288	0.002464	0.002640
20	0.000234	0.000468	0.000702	0.000936	0.00117	0.001404	0.001638	0.001872	0.00210	0.00234	0.002574	0.002808	0.003042	0.003276	0.00351
25	0.000293	0.000586	0.000879	0.001172	0.001465	0.001758	0.002051	0.002345	0.002637	0.00293	0.003223	0.003516	0.003809	0.004102	0.004395
30	0.000351	0.000702	0.001053	0.001404	0.001755	0.002106	0.002453	0.002808	0.003159	0.00351	0.003861	0.004212	0.004563	0.004914	0.005265
32	0.000374	0.000748	0.001122	0.001496	0.00187	0.002244	0.002618	0.002992	0.003366	0.00374				0.005236	
34	0.000398	0.000796	0.001194	0.001592	0.00199	0.002388	0.002786	0.003184	0.003582	0.00398			0.005174		
36	0.000421	0.000842	0.001263	0.001684	0.002105	0.002526	0.002947	0.003368	0.003789	0.00421		0.005052			
38	0.000445	0.000890	0.001335	0.001780	0.002225	0.00267	0.003115	0.00356	0.004005	0.00445	0.004895	0.00534	0.005785	0.00623	0.006675
40	0.000468	0.000936	0.001404	0.001872	0.00234	0.002808	0.003276	0.003744	0.004212	0.00468	0.005148	0.005616	0.006084	0.006552	0.00702
42	0.000491	0.000982	0.001473	0.001964	0.002455	0.002946	0.003437	0.003928	0.004419	0.00491					
44	0.000515	0.001030	0.001545	0.002060	0.002575	0.00309	0.003605	0.00412	0.004635	0.00515					
46	0.000538	0.001076	0.001614	0.002152	0.00269	0.003228	0.003766	0.004304	0.004842	0.00538					
48	0.000562	0.001124	0.001686	0.002248	0.00281	0.003372	0.003934	0.004496	0.005058	0.00562	0.006182	0.006744	0.007306	0.007868	0.008430
50	0.000585	0.00117	0.001755	0.00234	0.002925	0.00351	0.004095	0.00468	0.005265	0.00585	0.006435	0.00702	0.007605	0.00819	0.008775
52	0.000609	0.001216	0.001824	0.002432	0.003040	0.003648	0.004256	0.004864	0.005472	0.00608					
54	0.000632	0.001264	0.001896	0.002528	0.00316	0.003792	0.004424	0.005056	0.005688	0.00632					
56	0.000656	0.001310	0.001965	0.00262	0.003275	0.00393	0.004585	0.00524	0.005895	0.00655					
58	0.000679	0.001358	0.002037	0.002716	0.003395	0.004074	0.004753	0.005438	0.006111	0.00679	0.007469	0.008148	0.008827	0.009506	0.010185
60	0.000702	0.001404	0.00211	0.00281	0.00351	0.004212	0.004914	0.00562	0.00632	0.00702	0.00772	0.00842	0.00913	0.00983	0.01053
62	0.000725	0.00145	0.002175	0.002900	0.003625	0.00435	0.005075	0.00580	0.006525	0.00725					
64	0.000749	0.001498	0.002247	0.002996	0.003745	0.004494	0.005243	0.00599	0.006741	0.00749					
66	0.000772	0.001544	0.002316	0.003088	0.00386	0.004632	0.005404	0.00617	0.006948	0.00772					
68	0.000796	0.001592	0.002388	0.003184	0.003980	0.004776	0.005572	0.006362	0.007164	0.00792					0.01194
70	0.000819	0.001638	0.002457	0.003276	0.004095	0.004914	0.005733	0.006552	0.007371	0.00819					0.012285
75	0.000877	0.001754	0.002631	0.003508	0.004385										
80	0.000936	0.001872	0.002808												
90	0.001053														

【用紙サイズ：A3】

表5.2

S.55 【紺野実氏作成】

5.2　温度差補正のための作業

　温度差補正をより的確に行うためには、次のような手順を踏んで行うとよい。以下に示す手順は現行法である。

1. 材質に見合った膨張係数を調べる
2. 膨張量（収縮量と同じ）早見表を作る（表5.2参照）
3. 測定器とブロックゲージの温度差を測り、温度差がない（測定に影響を及ぼさない温度差）ことを確認する

4. ブロックゲージの寸法を指示マイクロに転写し、指針を0点に合わせる
5. 研削加工終了～測定する迄の時間（sec.）を標準化する
6. 標準時間経過直後の測定器とワークピースの温度差を予め求めておく
7. 上記6の温度差を基に、補正量（膨張あるいは収縮）を予め把握して決めておく（早見表から探す）
8. ワークピースを研削加工する
9. 上記5の標準時間（sec.）経過直後の寸法測定を、補正量を見込んで（加・減して）行う

　但し、ここでいう標準経過時間とは、研削加工終了時点（機械からワークピースを取り外す時点）から、水の拭き取り、清浄作業を経て測定を開始する時点までの所要時間（sec.）をさす。
　温度差補正については、上述の手順と作業内容をマスターして、タイミングよく的確に行えるものでなければならない。慣れる迄多少の訓練が必要である。

5.3　ワークピース研削加工寸法測定時の温度差を考慮した「狙い値と狙い幅」

　ワークピースと測定器の間に温度差がある場合、この温度差に見合った補正を行ってから測定するということを前述した。ここでは、Supramess を使用して測定する場合の具体例を示すことにしたい。
　図(5.3)の許容値（$\phi 20^{-0.006}_{-0.007}$）に仕上げるべく研削加工を行う場合、**5.2**のところで述べた標準時間経過時点のワーク温度が測定器及びブロックゲージより2℃高いとする。図5.3 が示す材質、直径、温度差から、補正量は$\phi 4\mu$m（表5.1 参照）である。
　20mm のブロックゲージを使って、指針を目盛板のゼロ点に合わせ（図4.5 参照）れば、狙い値は（図5.4 の目盛板上では）－ 6.1μm、狙

いの幅は－5.6㎛と－6.6㎛の範囲ということになる。研削作業としては、φ20の－6.1㎛を狙いとして削り込み加工し、－5.6～－6.6㎛の間に入れればOKということになる。

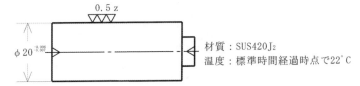

図5.3　許容寸法と標準時間経過時点の温度

材質：SUS420J₂
温度：標準時間経過時点で22℃

測定後、時間が経過して、ワークピースの温度差が測定器と同温になればワークピースは要求仕様寸法φ20 $_{-0.007}^{-0.006}$ のほぼ中央値に納まる。

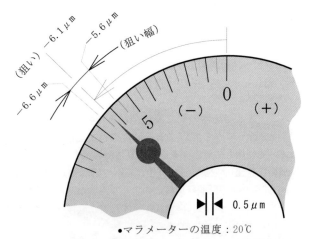

●マラメーターの温度：20℃

図5.4　Supramess一目盛板上の狙い値と幅

DIGITAL SURFACE THERMOMETER（安立計器）ｲﾒｰｼﾞ図

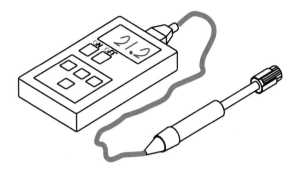

図5.5　表面温度計

　ワークピースの温度は、研削加工条件の変化、研削加工環境の変化で
も変わる。シビアな寸法出しの場合は、適時、表面温度計（図5.5参照）
を用いて測定器（ブロックゲージ共）との温度差を捕らえることが大切
である。

第6章　　研削加工室の環境と研削液温管理

6.1　精密研削加工室の室温管理

　現在の精密研削加工室は室温が 20℃± 1℃に制御管理されている恒
温室になっている。しかし、制御範囲を超える場合もある。下に示した
表 6.1 は 1990.10.22.AM10.53 ～ 11.30 の室内環境を示したものであ
る。

> 日時：1990.10.22 AM10.53.～11.30
> 場所：生技2課　精密研削加工室
> 気温：21.7℃
> 湿度：45%
> Studer-S30　研削液温：21.2℃

表6.1　精密加工室の研削加工環境

　それに対し、表 6.3 は室温制御がなされていなかったかつての研削加
工作業現場の気温の変化を示したものである。冬期においては、室内の
一日の温度差が大きく、又、夏期と冬期の較差も大きい。恒温室はその
較差を是正してくれているので、種々の利点をもたらしている。次にそ
の一例を示してみたい。

　表 6.2 は 21.8℃のワークピースを 21.2℃の研削液に 60 秒浸し、ワー

条件・温度	経時（秒後）	10（秒後）	20（秒後）	30（秒後）	40（秒後）	50（秒後）	60（秒後）	1分30秒（後）	2分（後）	3分（後）
①	ワークピースをベンジンで拭いた場合	21.8℃	21.7	21.7	21.7	21.7	21.7	21.7	21.7	21.7
②	ワークピースに研削液が付着したまま	21.8℃	21.6	21.5	21.6	21.5	21.4	21.4	21.4	21.5

表 6.2　21.8℃のワークピースを、21.2℃の研削液に 60 秒浴液させた後
　　　引き上げ、①②の条件下で経時後測定したワーク温度変化のデータ

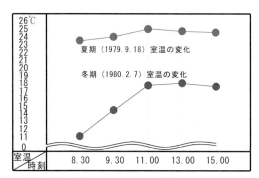

表6.3　室温制御がなされていない検索加工場の室温の変化

クピースを取り出し、その時点からワークピースの経時変化を示したものである。①はワークピースをベンジンで清浄した場合、②は研削液が付着したままの場合である。どちらの場合も、極端な温度変化はなく、寸法測定にとっては非常に都合のよい環境になっていることが判る。但し、研削加工を行うと加工熱がワークピース内に籠もって2℃程度温度が上昇するので、第5章を参考にして、温度差に対応しなければならない。

　一般的に恒温室は温度変化の幅を小さく押さえているから、測定室温とワークピースの温度差は小さくキープ出来る。従って1μmオーダーの寸法測定や加工には大きなメリットがある。室温管理がなされている現在の精密研削加工室は、寸法測定作業にとって、大変な恩恵に浴していると言っても過言ではない。

6.2 研削液温管理

　精密研削室の Studer-S30 では、研削液 Blasocut895 を 3％に希釈
し使用している。ちなみに当液は水よりも比重が重く、且つ使用温度範
囲も 10 ～ 30℃の仕様になっているので、作業を行う日には、一日を
通し研削液を循環させている。
　一方、ワークピースを研削液に約 1 分間浸すと、ワークピースの温
度がほぼ液温に近づくことを前述した。この現象からすれば、液温と室
温が同温になれば、ワークピースの温度もほぼ室温、液温に近づく理屈
になる。このような環境下にあれば、温度差の心配が小さくなるから、
研削加工及び寸法測定作業にとって非常に都合がよい（「研削液温≒研
削液をかけ研削した加工ワークの温度」になると考えている）。この環
境を獲得するため、研削液の循環の仕方を改善してその操作を管理する
（標準化する）ことが出来ないか、出来るとすればどのようにしたら研
削液を室温と同温に近づけることが出来るのかを考えてみた。
　液の循環は、機械（Studer-S30）の構造から概ね 3 通りの液循環が
可能である。（a 図 6.2 参照―機械を運転しているが研削加工を行わな
い時の液循環、b 図 6.2 と研削加工を行って研削液を流している状態を
併せもつ時の液循環、c 図 6.1 参照―研削加工作業の有りなしに関係な
く常時機械の樋を通して研削液を流し、且つ ab を併せもつ液循環）

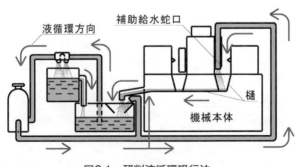

図6.1　研削液循環現行法

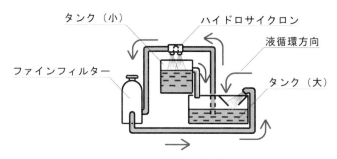

タンク（小）　　　　　　ハイドロサイクロン

ファインフィルター　　　　　　　　　液循環方向

タンク（大）

表6.2　研削液循環別法

　そこで図6.1と図6.2の2例を示し、どちらにその優位性があるかを明らかにしてみた。後に示す表6.5、表6.6で比較してみると、研削液の循環方法の違いによって、研削液温は極端に変わることが判った。図6.1の液循環方法の方が、室温と研削液温の差を最も小さくキープできていることが判明した。今はこのやり方を採用し励行している。

　表6.4は、H2.10.31（1990）の室温と研削液温の変移を示したものである。寸法測定技術が未だ未熟で且つ表面温度計を所有していない

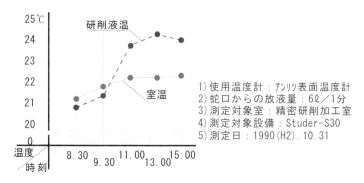

1）使用温度計：アンリツ表面温度計
2）蛇口からの放液量：6ℓ／1分
3）測定対象室：精密研削加工室
4）測定対象設備：Studer-S30
5）測定日：1990（H2）.10.31

表6.4　精密加工室の気温と研削液温の変移

145

1990年当時は、ワーク温度と測定器温度の差が捕らえられなくて、1μmオーダーの研削加工は困難の最中にあった。ちなみに表6.4では温度差おおよそ2℃に押さえていることを示しているが、気温、液温が逆転する時点があるので、その前後の加工の時間帯を念頭に入れて、測定時には補正値（プラス、マイナス）を間違えないように注意しながら、直径や長さの真の値を求めなければならなかった。

　表面温度計を有し膨張計数を活用し、測定の補正値を導き出して行えるようになったとはいえ、1μmオーダーの研削加工を行う場合は、室温と研削液温の差を極力小さくしておくことが大切である、現在この研削液循環方式を必要不可欠な重要項目として取り扱い励行しているのはここにその理由がある（かつては寒暖計と水温計を用いて室温と研削液温を測定し温度差を捕らえ、膨張係数を活用し実測定値を補正し、精密寸法測定としていた経緯がある）。

表6.5　(研削液循環別法の場合)：円研室(気温、湿度、研削[気温])調査1

1989
(H1.1.25～2.6)

測定		1/25（水）			1/26（木）			1/27（金）			2/6（月）		
時刻＼項目		気温(℃)	湿度(%)	液温(℃)	気温(℃)	湿度(%)	液温(℃)	気温(℃)	湿度(%)	液温(℃)	気温(℃)	湿度(%)	液温(℃)
AM	8:30	20.5	70	20.5	21.2	70	22.5	20.0	66	23.3	22.8	59	21.2
	10:00	22.5	62	23.0	22.8	59	23.0	22.8	59	25.5	23.3	60	24.0
	12:00	22.8	59	25.5	23.2	60	27.2	23.0	59	27.2	24.0	60	26.5
PM	1:00	23.0	59	25.5	24.0	59	27.8	23.3	59	28.0	24.0	60	27.5
	3:00	23.1	59	28.0	23.5	60	29.2	23.0	59	29.1	23.8	60	28.8
	5:00	23.3	59	28.9	23.8	60	30.0	22.8	59	29.5	24.0	60	30.0

気温と液温の変化（℃）：30 29 28 27 26 25 24 23 22 21 20

時刻	AM 8 9 10 11 12 PM 1 2 3 4 5	AM 8 9 10 11 12 PM 1 2 3 4 5	AM 8 9 10 11 12 PM 1 2 3 4 5	AM 8 9 10 11 12 PM 1 2 3 4 5
条件等	鐵機、加[加工液]総装置(別々→別冊)同 運転&：研削作業	左同	8時～8時まで空17開放	左同

147

表6.6 （研削液循環別法の場合）:円研室(気温、湿度、研削液温)調査2

1989
(測.2.7～2.14)

測定項目 時刻	2/7（火） 気温(℃)	湿度(%)	液温(℃)	2/8（水） 気温(℃)	湿度(%)	液温(℃)	2/9（木） 気温(℃)	湿度(%)	液温(℃)	2/14（金） 気温(℃)	湿度(%)	液温(℃)
AM 8:30	20.8	66	23.8				23.3		22.2			
10:00	23.3	59	24.0	22.5	63	22.5	22.8	63	23.5	22.2	58	21.7
12:00	23.5	59	23.0	23.6	56	23.0	23.0	62	24.8	23.0	59	22.4
PM 1:00	23.5	59	23.0					59		23.0	59	23.0
3:00	23.5	59	23.0	24.0	60	23.2	23.0	62	24.2	23.1	59	23.0
5:00	22.5	60	22.6				23.2	59	24.0			

気温と液温の変化 30(℃) 29 28 27 26 25 24 23 22 21 20	液温 気温								
時刻	AM 8 9 10 11 12 PM 1 2 3 4 5	AM 8 9 10 11 12 PM 1 2 3 4 5	AM 8 9 10 11 12 PM 1 2 3 4 5	AM 8 9 10 11 12 PM 1 2 3 4 5
条件等	濃縮.ｶﾌ(ｸﾜ))給油装置(ﾎﾟﾝﾌﾟ3杯)製 運転&:研削作業	左同	左同 木塚水(ﾊﾞｹﾂ3杯)製	左同

148

【付録】 報告書の内容を **報告書用紙(TR-1)** に記録し蓄積しよう

告書報番号 作成年月日	1991-10-03	整理番号※ 受付年月日	19	–	–	検 印	高橋
機密の ランク	1.秘 2.社外秘 3.一般	公開日 19 – – 保存期間 19 – –			報 告 レベル	1.役員 2.部長 3.課長 4.一般	

表 題	要求仕様φ１μm公差のパーツを研削する
番 号	

所 属 名	生技部生技2課	
社員番号	００９６１８	
報 告 者	高 橋 邦 孝	

目的 　要求仕様φ１μm公差のパーツ研削に関する固有技術の全容を
　　　　把握し、精密加工技術の一資料として生産技術の参考に資する。

方法 　１）研削砥石バランス精度の確保
　　　　２）高真円度、高円筒度の加工条件の確保
　　　　３）微小削り
　　　　４）測定に関して考慮しておくべき諸事項
　　　　５）温度差への対応
　　　　６）研削加工室の環境と研削液温管理を体系的に現状の技術を
　　　　　　記述した

結果 　歩留り90〜95％のラインに達している。目下歩留りの向上を
　　　　模索中であるが、一方では、１μmオーダー品については、
　　　　現時点に於ける研削加工では、限界に近いのではないか
　　　　との声もある。

今後の
展開 　ここで得られたノウハウを来たるべき高精度ものの試作品
　　　　加工に水平展開していきたい。

意見、処置、その他：

		意見者印

フリガナ
ディスクリプタ
（検索用語）

総頁数	24	表の数	10	図の数	30	写真	0	サンプル数数	0	※ 分類コード			

第2部のまとめ

　定年退職するまで仕事場も業務の内容も変わることはなかったが、業界の変遷やニーズの対応としてのことであろうか、社内の組織（名）は、めまぐるしく変化した。

　それまで生産技術部・生産技術2課だったものが、1996年には生産技術部・試作室に変わり、次いで試作センター・試作加工課（2000年）と改名された。さらには試作センター・精密加工室（2000年）、ついには技術開発センター・精密加工課開発室（2001年）のごとくである。この移りゆく中で、技能・技術は洗練・醸成され、高度なものとなり、職場の精密加工技術は定着していった。

　受注形態も鏡面加工仕様が多くなり、動圧軸受・静圧軸、電鋳（金型の類）、2000年頃には動力伝達機構に組み込まれるクランクシャフト等、試作加工へと進展し、加工の材質も鉄系金属からステンレス、sic等のセラミックスへと様変わりした。光ものの言葉も随所に出てきて、オーダーに与る表面粗さ精度は、R z0.1㎛領域まで求められるところとなった。

　一方、これらに対する仕事の有り様は、多種小量生産であり、シリーズもの試作品対応であり、予算は厳しく、新規設備の導入は皆無で、現有設備とこれまで培ってきたノウハウを抱き合わせて進めていくのが関の山であった。幸い、ささやかに先行投資していたダイヤモンドホイールの保有とそのツルーイング技術の開発が役に立った。1996年頃には完成度の高いそこそこの技術と組み合わせて業務を遂行することが出来た。ここでも著書で言及してきたノウハウが生かされた。

　しかし、加工技術の今後は、さらなる厳しさが求められてくることであろう。とはいえ、現状を踏まえ、当面の間は、筆者が精密加工の基本としている鏡面研削加工の理屈、現有する設備の有効活用、そして在来の確かな技術・技能を緻密にリンクさせていくしかないであろう。

元書は 20 年前に職場の若年技能者の指導の一環として著した（鉛筆書き）ものである。ここで温故知新の文言を取り上げ、我が古の書き物を再読し、精密加工法の基礎を再考したいと思っている。

第3部

許容円筒度 1μm の
薄肉内筒を研削する

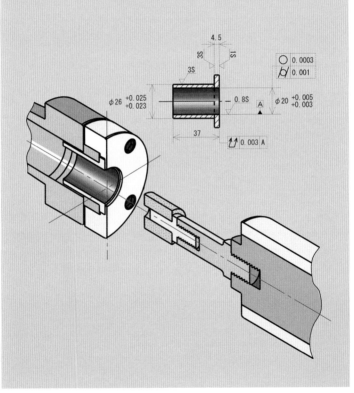

第3部によせて

　当記述は、円筒研削シリーズと銘打ち、若年技能者用の指導書と位置づけて作成してきた連載7冊の中の第3番目の冊子そのものである。

　係る冊子は、当時生産技術部次長の職位にあった熊谷義昭氏から、技能・技術について7箇所の指摘を受け、激論を交わした思い出深い書である。約1ヶ月を費やし入念に説明を書き入れ、質問に応じたことを記憶している。紛らわしい記述や誤字等、書くことの怖さを覚えたのはこの時であった。又同時に、読まれる方が理解出来るような書き方をしなければいけないことをも学んだ。はた又、相手の度量を察知し、その上で褒め叱り、指摘・指導された者がこれを弾みにモチベーションが高められる、いわゆる技能者の能力を引き出してくれる人、そのような人に出会ったような気がしている。

　特に、通りと止まりのゲージを使って加工物に現合し、加工物の穴径寸法を測定するいわゆる絶対寸法測定法について、これが寸法測定と言えるのかどうか、さらに、これは技能なのか技術なのかその考え方について、長時間の話し合いに及び、平行線を辿ったまま終焉に至った事を記憶している。

　内研は外研加工より難しく、その技能部分の説明になるとさらに説明は難しくなる。これは今も昔も同じである。当時に、円研を外筒と内筒に分け、前者を外筒研削、後者を内筒研削（一般的には内面研削と称している）と自称していた。チャレンジ管理表（期首に業務に掛かるチャレンジ項目を記し、期末に結果を記述し職場長に提出・報告する書類）の綴りをめくると、1989年頃には、空気磁気軸受の回転軸に係る高精度加工の技能・技術に凌ぎを削って、目下の目標は、当然内面研削加工に関する技能・技術のスキルアップにあった。

　このような背景の中で、仕事への熱の入れ方が、日に日に高上していく経緯があった。あの頃の印象は今も鮮やかに蘇ってくる。

序

　扉の絵は、係る内面研削加工に於けるワークピース形状及び、工具・内研軸・加工要求精度を示したものである。

　薄肉パイプ形状であり且つ高精度加工仕様という制約があり、この内面研削加工には、当初から、保持の仕方によるワークピース変形、研削加工上の材質（SUS420J2）特性、加工熱による形状変形等が懸念されていた。又、ラッピング加工工程では面精度は得られるが、形状精度が得られにくく、形状精度は内面研削工程のできばえに委ねなければならなかったし、又、内面研削加工では、旋盤工程のできばえに依存しなければならなかった。このような背景があったことから、自工程の努力だけではとても得られない要求精度を有したパーツであった。

　そのような困難な問題を抱えていたものの、前後の工程間に業務取り決めを交わし、各工程が取り決めした加工狙い値を遵守励行し、連繋を取ることで、要求精度を満たすパーツを作ることが出来た。

　パーツは、多くの工程を経て作られていくことになるが、その中、内面研削加工と称する加工工程がある。ここでは、試作工法に於ける内面研削加工工程を主に取り上げ、その周辺技術についても言及したい。至らない点が随所に多々出てくるものと思う。その節は厳しく御指摘・御指導をお願い申し上げたい。

　尚、旋盤工程担当森三男氏、古積友彦氏、ラッピング工程担当畑山正男氏には、取り決め事項の協議並びに取り決め内容の遵守に御協力を頂いた。又、内面研削加工の精度出し並びに作業の容易化に係る件で恩恵に浴した。ここに感謝を申し上げこのことを申し添えさせて頂く。

1990.12.4
生産技術部　生産技術2課
　　　　　　試作グループ
髙橋邦孝

第1章　加工技術上の取り決め

1-1　加工の狙い値に関する工程間の取り決めについて

　ここで取り上げたワークピースは、表 1.1 に示す系列、工程を経て作られていく。

　精密加工では一般論として、前工程の作り込みの品質が次工程のできばえに大きく影響するとされている。これから述べるワークピースの加工は、まさに、そのとおりというのが加工に携わる者としての実感である。

　当ワークピースの加工については、この技術的思想を受け継いだかの如く、工程間に加工上の「狙い値取り決め」を交わし、表 1.2 をして部品加工の万全を期した。

　この取り決めは、表 1.1 の○印が示す旋盤、内面研削、ラッピング加工等各工程について、表 1.2 の内容で取り交わしている。自工程が達成すべく品質を得る為に、前工程から流れてくるワーク品質に関し、前工程に対して必要条件を提示し、技術的な折り合い点を見つけ、それを加工の狙い値とする形式で、しかと工程間の取り決めを行っている。そして、上司承認のもと「取り決めの中身」を実践した。

　目的の物は、取り決められた狙い値を各工程が全うすることで、作られていくことになるが、とりわけて、許容値（円筒度 1㎛）を得る為の精度出し工法と、その周辺技術について以下各章を追って述べる。

表1.1 加工工程

取決	系列	工程	作業	形状
	N	切断		
○	L	旋盤	粗加工	
	H	熱処理	焼鈍	

取決	系列	工程	作業	形状
○	L	旋盤	仕上げ	
	F	仕上げ	穴、タップ	
	H	熱処理	焼き入れ	
	G₂	円筒研削	外研	

159

取決	系列	工程	作業	形状
○	G₂	内面研削	内研	
○	Lp	ラッピング加工	鏡面加工	
	G₂	円筒研削	外径寸法	

160

表1.2　工程間の取り決め　平成2(1990).8.9

加工工程	加工精度	狙い値	備考
焼鈍後の旋盤工程	内研代	$\phi 0.05 \pm 0.005$	穴加工
	面粗さ	1.5〜6s（∨∨∨）	
	真円度	0.005	
	心ズレ（内外径）	0.005	
	外研代	$\phi 0.07 \pm 0.01$	
内面研削	円筒度	0.001	穴加工
	ラッピング代	$\phi 0.003〜0.005$	
	面粗さ	0.8s以下　スクラッチ無し	
	真円度	0.3μm以下（機上、電子マイクロ測定）	
旋盤一次加工	二次加工代形状	$\phi 0.5$	穴及び外径

161

第2章　研削加工条件

2-1　内外研の研削加工条件の確立

　内外研作業は表2.1、表2.2に基づいて行った。この条件は、当初から決められている条件（設備、研削液、材料、砥石等）と、一般的な条件、そして試行を重ねて得た上での既得技術上の条件とを織り交ぜて構成している。ちなみに、下に示す表2.1、表2.2の条件は、ここで取り上げているワークについて、実際に行って一応の定着をみた条件を示している。

表2.1　内面研削加工条件

項目	条件
機械	Studer -S-30
内面研削軸	internar grinding spindle no.2026607
砥石	64A60H8V $\phi 20 \times 20 \times 6$(winter thur)
研削液	Blasocut -895　3.5%に希釈
ワークピース材質	SUS420J$_2$ HR$_c$55〜57
ドレッシング	切込み $\phi 0.01 \times 1$回 送りスピード139.7mm/min、 ドレスサイクル〔注1〕
ワークピース回転数	160rpm
ワークピース周速度	10.1m/min

砥石回転数			20,200rpm
砥石周速度			1173m/mm（粗、中、最終仕上げ研削共通）
研削	粗	切込み	φ0.005/15往復
		送り速度	1620mm/min
	仕上げ 切込み	寸法出し	φ0.005/15往復
		面出し	φ0/10往復
		送り速度	320mm/min
オーバーラン			7.9mm

表2.2　外面研削加工条件

項目	条件
主軸回転数	130rpm
ワークピース周速度	10.6m/min
ドレス送り速度	118mm/min
研削切り込み	外径、側面研削共にマニュアル切り込み

［注1］

　研削加工は、粗、中仕上げ（寸法出し）、最終仕上げ（面精度出し）の手順を踏まえて行う。ドレッシングは、この粗削り工程と中仕上げ削り工程の間にて行う。ドレッシングしたこの砥石作用面で、中仕上げ、最終仕上げ、そして、次の加工のワークピースの粗研迄使い、ドレス1サイクルとしている。

2-2　条件設定の根拠

2.2.1　内面研削スピンドル回転数（20,200rpm）の選択

　理想的な研削加工を行おうとする場合、ワークピースと砥石の周速比（ワーク周速／砥石周速）は重要な項目となる。被削物の直径、材質、形状によっても、異なるが、通常その比は、1/100 ～ 1/200 とされている。先ず分母に当たる砥石周速を求めることになるが、Studer-S-30 用内面研削スピンドルの仕様として、砥石周速 20m/sec.〔注 2〕が推奨されている。よって、この数値を常用選択基準に据えてきた。この基準により、毎分の回転数を求めれば 1,200m。外研の周速 2,000/m と較べてみると周速は 40% 減（内研の周速は遅い）となる。

　回転数の変換は、図 2.1 のように①スピンドルの選択、②スピンドルプーリー、③モータープーリーの組み替えによって行う。

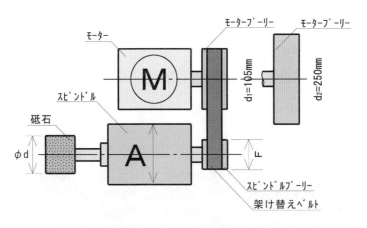

図2.1　プーリー入れ替え図

その探し方は表2.3のマトリックスの中で砥石直径φd=20と周速20m/sec.に見合った回転数（19,099rpm）を求める。次いで、プーリーの選択を行うが、表2.4のマトリックスの中で、19,099rpmの近似回転数20,200を探し、それに該当するスピンドルNo.（2026607）とスピンドルプーリー（F=35）及びモータープーリー（d2=250）を探し当てる。

　このように内研スピンドル回転数の選択は、周速20m/sec.を基に、機械的な決め方によって行われる。

表2.3　砥石径、スピンドル速度表（Studer-S30用）

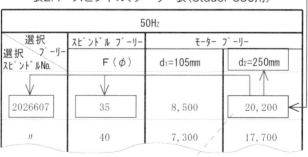

砥石 ϕ_d	砥石周速度（m/sec.）			
	10	15	20	25
15				
20	9,549	14,324	19,099	23,873
25				

スピンドルのrpm

表2.4　スピンドル、プーリー表（Studer-S30用）

50Hz			
選択 選択 プーリー スピンドルNo.	スピンドル プーリー F（φ）	モーター プーリー	
		d1=105mm	d2=250mm
2026607	35	8,500	20,200
〃	40	7,300	17,700

スピンドルのrpm（表2.3の近似値）

〔注 2〕砥石周速 20m/sec. の推奨値…砥粒の種類、組織、結合剤に直接関係なく、内研用スピンドル使用時の一つの目安として機械メーカー（Studer）から示された数値である。

2.2.2 主軸（ワークピース）回転数 160rpm 選択の根拠

先ず、砥石周速を求める。内研スピンドルの回転数 20,200rpm（2.2.1 で決定）、砥石直径 φ 18.5 とすれば、砥石周速は 1,173.4m/min となる。

穴径 φ 20 程度の場合、経験上から、まずは、ワーク回転数 180rpm に設定し研削を行った処、若干のビビリ現象が発生し、且つ、研削音から判断して、研削熱によるトラブルの危険を感じた。この時の周速比を計算してみると、1/104 であった。そこで、主軸回転数を漸次下げつつ試行を繰り返した結果、160rpm のところで、ビビリ現象が消滅し、研削状態が安定した。この時の周速比は 1/117 で 2.2.1 で述べた周速比の枠内に入っており、一応妥当性ありとして決定した（図 2.2 参照）。

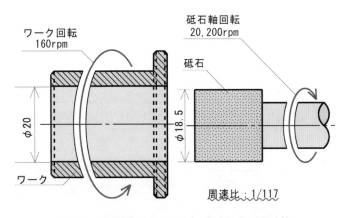

図2.2　砥石直径とワークピース内径及び周速比

回転数はインバーター取り付けにより無段変速で得られ、OMRON-H7ER でデジタル表示される。この装置（回転計）は、Studer 導入後、生産技術１課、猪又、金子両氏によって取り付けられたものである。

2.2.3 ドレッシング方式とドレッシング条件決定の根拠

ワーク形状は薄肉パイプ形状である。又、材料としての SUS420J2 は、熱伝導が悪く、他の鉄系材料に較べて、放熱性が悪い。それ故に、当初から切れる砥石で削らないと試作部品としての加工精度が得られ難いとされてきた。又、心ズレ防止の技術上の考え方から、粗加工、仕上げ加工は、ワンチャックで行う必要がある。これらの対応を総合判断して、まずは砥石のドレッシング方式について、１ワークピース１ドレス（１個のワークピースについて１回のドレッシング）にすることに決めた。

ドレッシング切り込み量は経験上（表 2.5 参照）φ 0.01 × 1 回で十分な砥石作用面が得られる（切れる砥石面が創製出来る）。

表2.5　加工面粗め(Rmax0.3μm)を創製する為の砥石ドレッシング条件

項目	研削加工条件
内研スピンドル(軸)回転数	37,300rpm
送りピッチ	0.0007mm/rev.
ドレッシング切り込み量	φ0.01
ドレッシング送り速度	26.5mm/min
面粗さ(Rmax)	0.3μm
砥石	64A60H8V、φ13×13×14 (Winterthur)
被削材	SUS420J2(HRC50~55)

〔研削条件創製テスト: 昭和63(1988.11.18)〕

ドレッシング速度については、能率の観点から、最終研削仕上げ時に0.7 ～ 0.8s の面粗さ精度が得られる程度を目安にした。送りピッチは0.0069mm/ 砥石 1rev. である。

　細かい面粗さを得ようとすれば、送りピッチ（送り mm/ 砥石 1rev.）を小さくすればよい。ちなみに、前述の送りピッチを 1/10 にすると、ほぼ、0.3s 程度の面粗さが得られる（表 2.5 参照）。

第3章　内面研削加工の準備

3-1　治工具の製作

　試作部品の加工に当たっては、治工具が欠かせない。特に精密なものであれば、それに応じて、精度の高い治具を揃えなければならない。治工具が有するパフォーマンスを引き出して加工精度の確保に反映する為である。

　図3.1は、ワークピース（図3-2参照）の外径研削の為の心金（1/5,000テーパ）である。

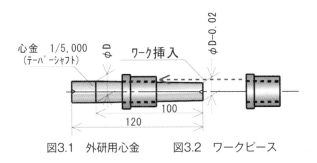

心金　1/5,000
(テーパーシャフト)

φD

ワーク挿入

φD-0.02

120

100

図3.1　外研用心金　　図3.2　ワークピース

　図3.3は、内面研削加工するとき、ツバ面を保持することにより変形を極力抑え、かつ、内外面の心ズレ精度を高く維持する内研用の治具であり、図3.4は、砥石アダプターと砥石軸（クイル）である。

　また、図3.5は、φ1μm単位の栓ゲージである。

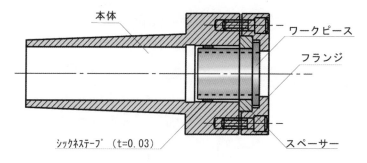

図3.3　内面研削加工用品治具略図

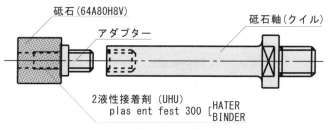

図3.4　砥石軸

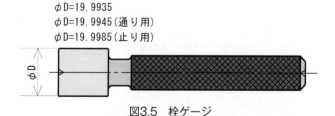

φD=19.9935
φD=19.9945（通り用）
φD=19.9985（止り用）

図3.5　栓ゲージ

3-2 外径及び段付面、端面研削加工

　図3.6は、ワークピースを心金に挿入し、外面研削加工の手順を示したものである。研削加工される箇所は、それぞれ精度出し上挿入ガイドと保持面の確保、この二つの意味を持たせている。

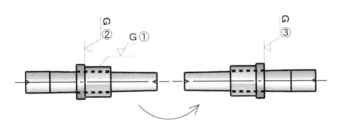

図3.6　外面研削加工の手順

　①はマニュアル操作によるプランジカットで行い、$\phi\,26^{+0.025}_{+0.023}$に仕上げられる。この寸法は、内面研削治具への挿入の際のガイド寸法である。治具と$\phi\,3\sim\phi\,5\mu$mのクリアランスを見込んでいる。その範囲内で内外径の心ズレを押さえている。このワークピースは、次に内面研、ラッピング加工を経て、最終的には再度外研工程に戻り$\phi\,26^{+0.025}_{+0.023}$に仕上げることになっている。それゆえ外研代を越える心ズレは許されない。心ズレを押さえる狙いは、外研代がなくなることに対する危険防止にある。もう一つの狙いは、変形を極力押さえるために、初めから無駄肉を除去しておいて、ワーク内に潜む残留応力を出来るだけ小さくしておくことにある。

　②並びに③の両研削は、アヤメ模様を創製（円研シリーズ№1：万能研削盤よるアヤメ模様〔研削条痕の創製（1990.9.25）〕参照）させ平坦（平面）度の高い面を得て、内研治具にセットする際に良くフィットさせ、ワークピースの保持を良好にし、且つ、変形を最小限に押さえることを

その狙いとした創製面である。

③の研削面は、系（ワークピースに心金を挿入された状態）をそのまま図 3.6 で示すように、トンボしてから研削することによって得られる。

3-3　内面研削加工の為の平行出し（ゼロに近い円筒度出し）について

チャック作業による角度ものの研削加工の場合、主軸台の首振りを行い、旋回角度を設定して作業を進める。角度研削加工が終われば旋回角度をストッパーに合わせてゼロに戻す。しかし、厳密には当初の角度復元位置のゼロには復元出来ない。これは、機械（設備）が有する一つの特性といえよう。

又両センター作業で外研加工を行い（ゼロに近い円筒度）が得られても、テーブルを旋回しないでそのまま内研に切り換えた場合、内筒の平行が得られるかというと、それは期待できない。これも円筒研削盤（万能研削盤）の特性といえる。

このような認識を持った上でこれらの差が数値的にどの程度あるものか特性値を出してみた例が図 3.7 ～ 3.9 である。

先ずはチャック作業（図 3.7）で外研を行い、平行を出した。その直後に、内研（図 3.8）行ったところ、研削長 37mm で ϕ 0.8μm のテーパーがついた。テーブル・ダイヤル修正量は（図 3.9 参照）結果として時計逆方向回り 8μm の修正旋回が必要になった。

内筒の円筒度測定の難しさは、研削加工代を余分につけていないことから、技術上の不測の事態を考慮して、出来得るものなら特性値を念頭に置いて内面研削加工を行うのがベターであり、平行も出し易くなる。この場合は、トラバースによる外研を行い指示マイクロで測定を行い、円筒度ゼロに限りなく近づけるためのテーブル旋回修正をすることから始める。勿論、内研をしながら直接平行出しを行っても良い。

図3.7 ～ 3.9の特性を用いて内研を行う時は、8μm時計逆方向にテーブルを旋回〔注3〕することを標準化しておけば、完全とはいえないが、平行を確保される理屈になる。このように、特性を応用した方が実際の内研の時に微小修正ですむ。外研の段取りや、研削加工工程が増えるが、不良発生の防止、テーパー修正回数やドレッシング回数の減少を勘案し、精密加工技術の観点に立てば、メリットは大きい。機械の癖を掴んで加工せよと言われる所以である。上述のやり方もその教訓に沿っていると考えている。

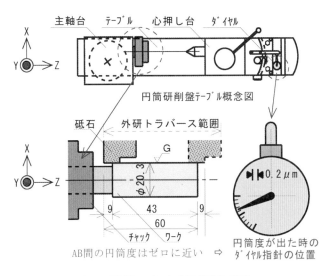

図3.7　外研加工による平行出し概略

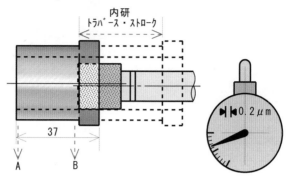

AB間の ⬡ ＝0.7μm ⇦　　　テーブルをそのまま使って
但し、A＞B　　　　　　　（ダイヤル指針の位置を変えないで）

図3.8　外研・内研の円筒度の差異

内径の円筒度がゼロになった時の
ダイヤル指針の位置

図3.9　テーパー修正によりAB間の ⬡ が測定ゼロになった時

174

3-4 内面研削加工段取り

図3.10 は、内面研削段取りの概要を示す全体図である。内面研削加工は、外研に比べて段取りが複雑である。段取りは大別して、1）治具の取り付け、2）砥石スピンドルの取り付け、3）ドレッサーの取り付け、4）トラバースドック取り付け、5）ドレッサー用ドックの取り付け等がある。又、取り付け要領並びに注意事項等は、次のとおりである。

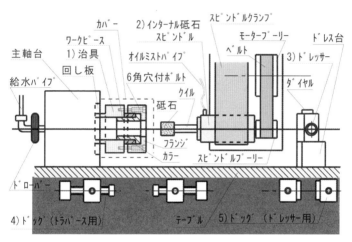

図3.10　内面研削加工段取り図

1）治具の取り付け

図 3.11 は、内面研削加工の段取りを示した概要図である。この段取りは、次の手順で行われる。
①回し板取り付け
②治具本体を主軸に挿入
③ドローバー取り付け

④治具の心振れ測定・心出し（図3.11参照）
⑤ワークピースにシックネスピース（研削加工時に生ずるビビリ振動を吸収・減衰するのが目的）を巻き付けてカラーに挿入・カラーをフランジに挿入する
⑥フランジ取り付け（締め付け）
⑦給水パイプ取り付け
⑧研削液等飛散防止カバー取り付け

　段取り手順は以上のとおりであるが、次に示す二つの特記事項を具備しなければならない。
❶治具の心振れ・面振れ 1μm以下
❷仮締め・本締めの手順でフランジを増締めしていく

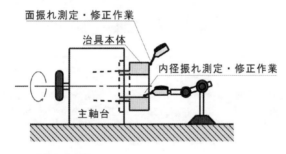

【特記事項】
1. 治具の内径振れは、1μm以下のこと
2. フランジ締め付けの際は、
　 仮締め本締めの手順で増し締めする

図3.11　治具の振れ測定・修正作業要領

２）インターナル砥石スピンドル取り付け

図 3.10 になるようにように、次の手順を踏まえ取り付け作業を進める。

①スピンドルクランプを砥石台から前方下に降ろし、テーブル上に
　セットする
②スピンドルをスピンドルクランプ穴に挿入し、スピンドルをクラン
　プする
③オイルミストパイプをスピンドルに連結する。
④モータープーリー、スピンドルプーリーを取り付ける
⑤ベルトを取り付けテンションを掛ける
⑥クイルを取り付ける
⑦砥石を取り付ける

３）ドレッサー取り付け（図 3.10 参照）

①ドレス台をクランプする（出来るだけテーブル右端に取り付ける）
②ドレッサーを 15°傾けて取り付ける
③ドレッサー上に 0.002/1DV. のダイヤルインジケーターを取り付
　ける

２）トラバースドック取り付け（図 3.12 参照）

①砥石がワークの奥でオーバーランする時、フランジ前面の位置に当
　たるところに、マジックインクを塗布しマークする
②テーブルを手動で動かし、ワークピースの前・後端から 7.875mm
　ずつオーバーランするようにドックをクランプする

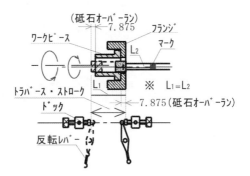

図3.12　トラバース研削加工時の、
　　　　反転位置と砥石の位置関係

3）ドレッサー用ドック取り付け（図3.13参照）

①ドレッサーの先端部が、砥石より5mmオーバーランするように
　する

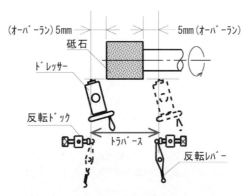

図3.13　ドレッシング時の砥石とドレッサー
　　　　及び反転ドックの位置関係

3-5　1ワークピース・1ドレス方式のドレッシング手順と要領

　数物のワークピースを加工する場合、同じ目盛で切り込みを行い、同じ目盛で切り上げを出来るとすれば、作業はやりやすい。1ワークピース／1ドレスの場合、砥石をドレッシングした分だけ多く切り込まなければワークピースは同寸法に仕上がらない。その場合にX軸ハンドホイル（切り込み）目盛、あるいはφ1㎛／1DV.の切り込みノブ目盛どちらかの同じ目盛を使って加工出来るようにするにはどうすれば良いのかが問題になる。

　方法としては幾とおりかがあるが、基本的には、図3.14でが示しているように、ワークピース仕上がり面と砥石ドレッシング面の相対位置が一定であればいつも同じ目盛で加工出来る。但し、ドレッシングの際の切り込みについては図3.14の示すa.b.c.の関係があり、又、加工の切り込みに関してはb.c.があることから、その組み合わせを考える必要がある。

　当ワークピースの内面研代φ0.05の場合は、まず、加工切り込みをbで行うかcで行うかに係っている。手順としては表3.1で行う。

179

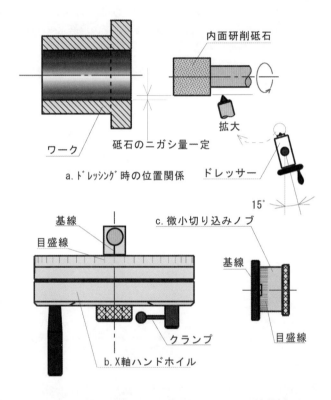

内面研削砥石

拡大

ワーク

砥石のニガシ量一定

a. ドレッシング時の位置関係

ドレッサー

15°

基線

c. 微小切り込みノブ

目盛線

基線

クランプ

目盛線

b. X軸ハンドホイル

図3.14　ドレッシング時ワーク・砥石・ドレッサーの位置関係、
　　　　及び切り込み操作部の関係

180

表3.1　1ワーク1ピース/ドレッシング手順と要領

順	手順（作業）	要領（作業詳細）
1	ドレッサーを任意の量（φ0.01程度）切り込み、砥石のドレッシングを行う	砥石 ドレッサー ドレッシング方向
2	X軸ハンドホイルをゼロにセットする	1) ゼロストッパーを掛ける 2) X軸をクランプする 3) 目盛板のクランプを緩める 4) 目盛板を回して0に合わせる 390　0　10　回す方向 5) 目盛板のクランプを締める
3	①0で切り込みを始め、ワークピースの加工を行う ②φ50μm（φ0.01×5回）切り込んでワークピースの内径を仕上げる	微小切込みノブ 基線 50 総切り込み量 ＝φ0.05 時計方向に50目盛
4	φ0.1砥石を後退させる（1回転逆に回す）	50 時計逆方向に1回転 ＝φ0.1　ニガシ
5	ドレッサーを時計回り方向に回し、アタリを見つける（但し切り込まない）	アタリを探す 0.002/1DV.ダイヤル

6	ゼロストッパーの解除及びφ0.01の切り込み	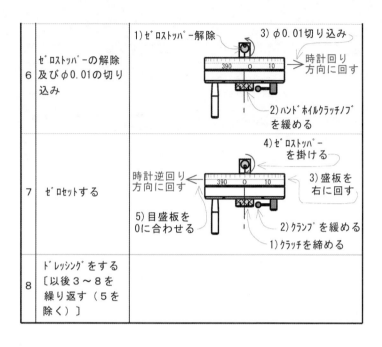
7	ゼロセットする	
8	ドレッシングをする〔以後3〜8を繰り返す（5を除く）〕	

1)ゼロストッパー解除　　3)φ0.01切り込み

時計回り方向に回す

390　　O　　10

2)ハンドホイルクラッチノブを緩める

4)ゼロストッパーを掛ける

時計逆回り方向に回す

390　　O　　10

3)盛板を右に回す

5)目盛板を0に合わせる

2)クランプを緩める

1)クラッチを締める

第4章　内面研削加工

4-1　研削音による研削状態の識別

　内研は外研と異なり、加工中の穴内部の状態を観ることができない。それ故、削っている穴内部の加工状況を何らかの方法で把握したいものである。砥石とワークピースの当たりを研削音（音量や音質）で捉え、感知することができれば、研削加工中にある穴内部の状況を巨視的に捕らえることができる。図4.1 は、研削初期の状態を示したものである。

　研削音と研削抵抗の関係を観察すると、次のようなことが判ってくる。研削抵抗がかかると、音が鳴り出し、又研削抵抗が大きくなると音も高くなる。すなわち研削音が出たときに削れ始まり、研削音が高くなったところで多く削れるということである。この認識は、次に示すトラバース並びにプランジカットの際の研削状況を知る上で重要な概念となる。

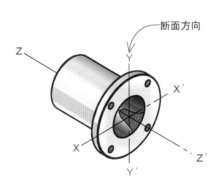

図4.1　内面研削加工時の初期状態

図 4.2 は、図 4.1 図が示す Y—Y' の断面図に係る、Z—Z' 間の各位置（A、B、C で）で発生している研削音の高低を示したものである。

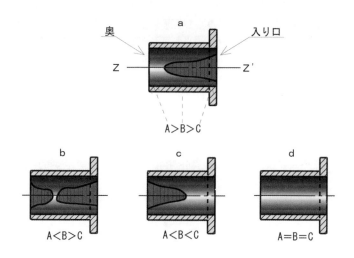

図4.2　研削加工音の高低
（図4.1が示す断面のY—Y' のZ—Z'方向の位置に於ける）

　この図 4.2 の例で a の場合は奥の方で音が高くなるから、奥の方が多く削られており、b の場合は中央部の音が高いから、中央部が主に削られていることになる。また、c の場合は入り口付近の音が高いから、入り口付近が強く削られていることが識別できる。

　又、プランジカットをするとワークピースの回転周期に合わせるように研削音が発生する。図 4.3 を例にとると、ワークピースの回転方向から判断して、ワークピース内面は、砥石×××印部と A、B、C の順に接していく。そして、A～C 間は音が高く、B が低いから A～C が削ら

れていることになる。このように音を聞き分けることによって、穴の内部は見えずとも、どこの部分が削られているのか、どこの部分が削られていないのか、あるいは、穴全域が削られている（一様なブーンという音が聞こえる：図4.2のd）か、ビビッているか、などの研削音で研削の状態を識別することができる。

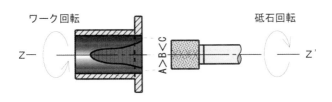

図4.3　ワークの回転周期に同調して発生する研削音の高低

　内面をきれいな面に仕上げるにはブーンという一様でかつ非常に低い音になる（図4.2 d参照）まで待つ（時間をかける）ことが必要である。

4-2　平行出し（円筒度を限りなくゼロに近づける）とオーバーラン

　平行出しは、研削送りスピードと砥石のオーバーランの絡みの中で行われることになるが、この件については円研シリーズNo.2（技術メモ参照）に於いて詳述しているので、ここでは、研削の手順を追って説明することにしたい。

1）内面の黒皮を削る
2）図4.4に示すホールテストで図4.5の内径a、b、c部を測る。内径を測ることによって、テーパーと内筒形状（図4.6 ①②③で示している）は基より、この二要素が絡み合って出来る様々な内筒形状

が把握出来る。平行（限りなくゼロに近い精度の高い円筒）を出すためには、この二要素を分離して考え、テーパーや円筒形状の研削加工修正を行わなければならない。

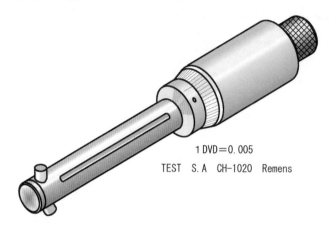

1 DVD＝0.005
TEST　S.A　CH-1020　Remens

図4.4　ホールテスト

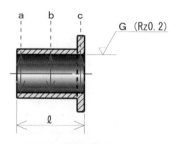

図4.5　研削面の筒度測定

1）まず、平行出しを行う。基本的には、ℓに対応して図4.5のa、b、c部の差分だけ、修正を行う。具体的には、平行度ゼロに限りなく近づけるために、テーブル設定角度を微小適量旋回修正し、次いで最適角度にテーブルを固定する。この状態で円筒度修正のための研削加工を行う手順を踏む。

2）内筒の形状（図4.6 ②）については、オーバーランの調整を行って、③の形状に導いて行く。①の形状の時は、オーバーランを長くする（調節はドック幅を微小適量左右共に広げる）。②の場合はその逆の調節を行う。どちらの場合も、ドックの移動は微量（1㎜が目安）ずつ行う。又、その度ごとに測定を入れる。

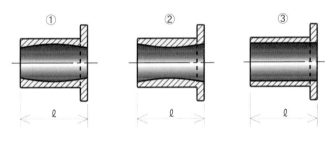

図4.6　内筒形状の図

4-3　研削切り込量と送り速度

　熱変形を小さくするためには、研削抵抗を小さくして加工熱を低く抑えることが肝心である。研削加工熱は、切り込みを小さくすることで下げることができる。従って、加工精度出しには微小削りがベターであり、これを基本と考えている。当テーマの加工では、加工の結果として、切込φ5μm／15往復並びに研削送り速度1,620㎜／min〔注4〕が粗、中、削りの標準として定着した。但し、最終仕上の場合は面精度出しのために、研削送り速度を遅くして（320㎜／min）且つ、ゼロ切り込み／10

187

往復としている。

　研削送りスピードは、一般的には、主軸1回転当たりに対する砥石幅（使用している砥石幅の何分の一）という目安で決められている。具体的には粗、中削りの場合は、砥石幅［注5］の1/2～1/3をその目安としている。当テーマでは、約1/2を採用し、研削送り速度を1,620㎜/minとした。又、最終仕上げに於いては、通常砥石幅の1/8～1/10の範囲を目安に行われるが、当テーマでは、1/10を採用し、送り速度320㎜/minを研削加工条件として定着させた。

　［注4］：研削送り1,620㎜/min定着の背景―研削加工技術は精度と能率が釣り合う加工条件が求められる。研削加工の諸条件が詰められてくると、最後に研削切り込み量と研削送りスピードが残る（研削加工条件出しのアプローチの仕方によっても異なるが）。切り込み量と研削送りスピード相互の試行錯誤による調整を踏まえ、且つ研削加工の状況、初物のできばえの品質等を結果から総合的に判断して決めている。しかし、高精度加工の実際の中ではもっと複雑で、加工者の固有技術（微小なファジー操作が伴う）を絡ませて行っている。

　［注5］：砥石幅―砥石は既製品の幅そのものを使う場合と、成型して幅を詰めて使用する場合とがある。精度出し、不具合（ビビリ）、加工中の弾性変位、加工能率等目的の対応が求められるため、経験上から固有技術をもってその都度目安を立てているのが実状である。そもそも、ここでいう砥石幅というのは、送り速度を設定するために、ワーク1回転当たりに対するテーブル送り量（距離）を決める目安の基準（テーブルを進める距離を算出する基になる）となるものである。これを加工するのにこの数値を使いなさいという学術的な数値がある訳では無く、従って、ここでは学術上の数値を用いている訳ではない。

4-4　余肉削りと仕上げ削りに関する諸事項

　平行出しが終わり、円筒度と形状が確保されれば、後は中仕上げ代を残す寸法まで削り込んでいくという粗削り（余肉削り）である。粗削りは、切り込み φ 5㎛ /15 往復トラバースの割合で行い、所定の中仕上げ代（φ 5㎛〜 φ 10㎛）が残る径になるまで削り込んでいく。

　粗削りと中仕上げの間で忘れてならないことは、必ず砥石ドレッシングを行うことである。砥石作用面の真円精度がよく、且つ、よい目立てがなされていないと良い研削加工ができず、仕様が示す寸法、形状、面精度当が得られにくくなるからである。当然のことながら、品質もばらついてしまうことに繋がる。精密加工に於いては、粗削りから仕上げ削りへと進めこの手順を踏んでいくのが半ば研削作業の定石とされていることから、刃物に相当する砥石作用面は面倒でもドレッシングを励行し粗、仕上げ作業の区別をすることが重要である。手抜きの結果は歴然とした品質の差となって現れることを強調しておきたい。

　中仕上げ削りのドレッシングスピードは、粗と同じ（切り込み量 φ 10㎛、送り速度 139.7㎜ /min ＝送りピッチ 6.9㎛）である。当初から作業性を考慮して、中仕上げ加工に適したドレッシングスピードにしている〔注 6〕。

　又、中仕上げ削りのワーク（被削物）周速、切り込みの割合は、粗削りと全く同じである。但し、寸法出しが絡んでいるので、時々、研削加工をやめ、直径寸法の測定を行っては又削るということになるので、切り込みを行うときは、切り込みノブを一回転（φ 0.1）バック（逆手回し）させ、次いで所定の切り込みをすることが肝心である。切り込みは、マニュアル操作で行う。自動切り込みの方法も考えられるが、実際に行ってみた結果から申せば、機械の構造と切り込み特性（スティックスリップ現象と考えられる）の絡みがあって、微小切り込みに関しては、送り速度に追従してタイムリーに切り込んでくれないことが判明している。

189

最終仕上げ削りは中仕上げのまま継続して使用［注7］、送り速度を320㎜/min に送りノブ目盛りをセットする。鏡面を得るためである。次いでφ0μm/10往復のトラバース［注8］を行って切り上げる。寸法は1μmランクの栓ゲージ（図3.5参照）を用いて測定する。

　内面研削加工は、湿式法を採用し、粗から最終仕上げ削りまで一貫して研削液を注いで行う。注水量 0.11ℓ/min（φ8程度のパイプ穴からチョロチョロ出る程度）程度がベターである。あまり給水し過ぎると研削加工中に液がミストになって異常に飛散をする。研削焼けを起こさない程度を目安にすれば良い。

　［注6］中仕上げに適したドレッシング速度—試行錯誤を繰り返して、技術的に創られた条件であり、その経緯に関するデータベースは残されていない。

　［注7］粗削りでφ40μm削り落とし、中仕上げ最終仕上げ代としてφ10μm（目安）を残す。ドレスサイクルとしては、粗削りと中仕上げ削りの間に設ける。この砥石作用面で、中仕上げ削り、最終削りと順次続けて行い、且つ、次のドレッシングが行われるというドレスサイクルを繰り返して研削加工が行われる。

　［注8］
　ゼロ切り込みによるトラバース（スパークアウト研削）と面粗度の関係— S63.11.11 ～ 18 の研削加工条件創製テストでは、目標値 1.5s ～ 0.8s の面粗さのとき、ゼロ切り込みで 15 往復のトラバースを試みたところ、チャンピオンデータとして 0.3s が得られている。

第5章　測定

5-1　寸法測定

　余肉削りの寸法チェックには、ホールテストが用いられる。中仕上げから最終仕上げ削りの段階での寸法測定は、1/㎜単位の栓ゲージ（図3.5）を使って行われる。

　栓ゲージによる寸法測定は、中仕上げ、最終仕上げの途中に行う機上測定（図5.3）と研削完了後、治具から取り外したワークピースを単体の状態で（図5.4）もう一度測る。後者の測定は、確認を主目的にしたものである。どちらの場合も、ワークピース品質保護、測定理念上から、栓ゲージを回転しながら挿入することは禁物である。

　機上測定（図5.2参照）を行う場合は、まず、穴内部にある研削液を除去しなければならない。細い棒状の物に白ウエスを巻き付け、水（水道水で可）を浸透させ、研削液と研削内面に付着した微小の異物を拭きとる。次いでベンジンを浸したキムワイプで内筒面を拭き取る。ちなみに栓ゲージの測定面も清浄する。

　測定の手順としては、まず通りの栓ゲージを用いて、通ることの確認を行う（図5.1）。次いで穴内部の形状（奥、中、入り口）をガタの度合いや、通りのきつさ加減、緩さ加減をもって、勘で技能的に読み取る。最後に止まりの栓ゲージが穴に入っていかないことを確認する。通りの栓ゲージが入らない場合や形状が思わしくない時は、許容値の寸法を得るため、その対応としての研削加工が行われる。

　一方、完成して治具から外されたワークピースは、治具締め付けによる変形が考えられることをまず念頭に置くことが大切である。治具から取り外しての測定は、そこに狙いがあり、ワークピースの両入り口から栓ゲージを挿入してみて、寸法、形状に変化が無かったことを確認する。円筒度、寸法等に修正の必要が認められれば、ためらわず次のワークピース研削に即、反映されなければならない。工程内の測定は次のワークピースの研削加工に即生かされてこそ価値がある。

内筒研削加工の寸法測定値は、次工程のラッピング加工のために、予め取り決めしてある寸法許容値内であることの確認(エアマイクロ使用)がなされなければならない。その関係上、研削加工工程の許容値（ラッピング代を含む）は遵守しなければならない。

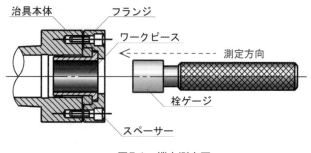

図5.1　機上測定図

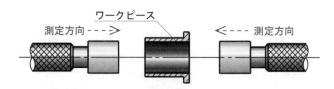

図5.2　完成品の測定

5-2　真円度測定（機上）

　円筒度1μmの精度、並びに寸法精度2μmを兼ね備えた品質のワークピースを確保するためには、基本形状として、先ず限りなくゼロに近い真円が得られることが望ましい。それ故に研削加工されたワークピースの内筒が、どれほどの真円に作り込まれたのかを測定する必要がある。

　真円度測定は、5.3図に示す測定器（電子マイクロ：ミリトロン）を使い、図5.1 に示した段取りで機上測定を行う。機上測定の理由としては、1）主軸回転精度が 0.1μm保証であることを測定に生かすこと、2）μmオーダーの部品加工においては、段取りを取り外すと段取りの再現が難しくなるということにある。

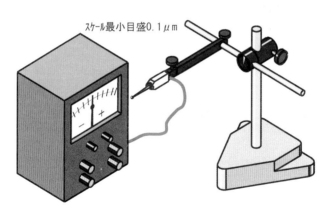

スケール最小目盛0.1μm

図5.3　millitron(Mahr)typ1202lc

　測定は、図5.4 が示す段取りで、先ず内筒の振れ値をA、B、C点について求め、振れ値の1/2（半径法で行っている。JISの真円度が、既

193

に直径法に変わっていることを当時認識していなかった）をもって真円の許容値と見なす方法で行われる。Studer-S30（万能研削盤）に係る回転精度0.1μmのメーカー保証値は、機械導入後、公的、私的機関を通じて測定・検証を実施し、保証の許容値を満たしていることを既に確認している。

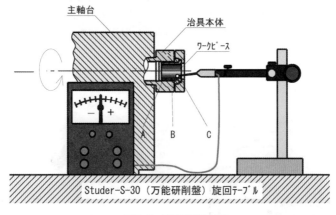

図5.4　真円度測定図

振れ測定値に使われる主軸回転数は60〜100rpmで行い、真円度は、次工程（ラッピング工程）と取り決めしてある値0.3μmの許容値を満たしていることを確認する。ちなみに、millitronのスケール最小目盛（単位）は0.1μmである。

5-3 円筒度（機上に於ける簡便法による）の測定

　円筒度は工程間の取り決めに基づいて、1μmの許容値を満たすものでなければならないことを述べてきた。又、この円筒度に係る関連事項についても所々で触れてきた。この経緯から、以後の記述の中でも、オーバーラップして執拗に述べる部分が出てくる。この部分についてはテーマとの関係が深いことから、あえて円筒度の測定について整理してみたい。

　円筒度の測定は、ホールテストと栓ゲージによる二本立てで測定が行われる。粗削りに入る前に内筒の棄て削りを行ってホールテストで円筒度を測り、余肉削りに備える（4-2 平行出し参照）。要領としては図4-4に示すホールテストで図4.5のA、B、C 3箇所について内径を測り、目感（1目盛りの5等分読み）で、1μmに入っていることを確認する。そして、テーパーの度合い（許容値内外）如何によっては、修正の研削加工が行われる。

　テーパーが1μmの許容値内にあれば、そのまま、粗、中削りへと作業が進められ、次に進める中仕上げ削りから最終削りに至るその過程のうち、最終仕上げ削り一歩手前でホールテストを栓ゲージに代えて、寸法測定と併せて円筒度測定を行う。通り用の栓ゲージの通り具合を確認して、又、止まり用ゲージの兼ね合いをみて、測定がなされる。それ故、寸法測定と円筒度測定は同じことではないかという錯覚にとらわれる懸念がある。しかし、手段と方法は、同じであるが、測定を行う狙いは、全く異質のものであることを認識する必要がある。1μm、1/2μm（ハーフミクロン）、1/4μm（クォーターミクロン）のような高精度ものの測定となると、得てしてこのようなことに出会うものである。

　栓ゲージによる円筒度の測定〔注9〕により、図4.4のA、B、Cの各位置でゲージと穴のガタやゲージの通り・止まりを、ゲージを取り扱う手と指先の感覚で技能的に寸法・形状の良否を厳格に識別している。その際、測定技術上注意を払うべきことは、ゲージを回転させながら押し込むようなことをしないということである。指のスナップを利かせて、

回転させず軽く挿入するのがベターなやり方である。

　又、円筒度の測定は、寸法測定と同じく、機上と治具取り外し後と、再度測ることになる。いずれの場合も、全体を通して、均一な通り具合のワークピースの内筒である場合、ここでは、限りなくゼロに近い円筒度を有する良好な品質として評価している。

　〔注9〕栓ゲージによる円筒度測定は、5.2 に示した真円度測定に於いて、真円度 0.3μm の許容値が得られることを前提として、かつ、直径 1μm 差の栓ゲージを用意し、通り・止まりを確認し、円筒度が 1μm 以内であることを技能的に判定することによって行われる。

【付録】技術メモ登録の様式とその例

報告書の内容を **報告書用紙(TR-1)** に記録し蓄積しよう

報告書番号 作成年月日 1990-12-04	整理番号※ 受付年月日 19 - -	検印	髙橋

機密の ランク	1.秘 ②.社外秘 公開日 19 - - 3.一般 保存期間 19 - -	報 告 レベル	1.役員 ②.部長 ③.課長 ④.一般

表 題	許容円筒度φ1μmの薄肉内筒を研削する
番 号	

所 属 名	生技部生技2課
社員番号	009618
報告者名	高 橋 邦 孝

報告の概要(目的、方法、結果、結論、今後の展開)

目的　許容円筒度φ1μm薄肉内筒を研削する現時点での試作工法を
　　　整理し、精密加工技術の一資料として参考に資する。

方法　1) 部品加工に係る工程間取り決めの実際
　　　2) 研削加工条件の創成
　　　3) 内面研削加工の準備
　　　4) 内面研削作業
　　　5) 測定
　　　　　等、試作工法の現状について整理・記述した。

結果　　電子マイクロ (millitron (Mahr) typ1202 I c)
　　　　による機上測定、φ1μmの栓ゲージによる測定を併用する
　　　　ことにより、許容値が確保された。

今後の　　内面研削加工による高精度加工の一試作工法として、
展開　　　以後の部品加工に水平展開していく。

意見、処置、その他:

意見者印

ディスクリプタ (索書用語)											
総頁数	15	表の数	8	図の数	25	写真	0	サンプル数数	0	索引分類コード	

197

第3部のまとめ

　当時の内面研削作業は、まだ技能レベルが低く、其処を脱すべく模索が続いてた。まさに、技能向上はままならず、研削作業の一担当者として苦悩の日々に明け暮れていた。

　顧みれば、問題解決が済み、研削加工条件が確立され標準加工が出来、且つ自動制御による寸法だしが出来る設備が整っている量産加工であればいざ知らず、高精度の設備があるのだから、どんな物でも高精度加工が出来るのは当たり前とする上司の見方や周りの風評には、円研担当として不満やるせない思いの状況下に置かれていた。特に当テーマで扱っている一個一個加工の個別生産では、容易な作業ではなかった。

　高精度加工に係る個別生産では、設備や工具の特性を十分に把握し、且つ、理解された物性や理屈を生かし、設備・工具のパフォーマンスを引き出せる、いわゆる必要十分な加工条件の設定が出来る技能者がいてこそ達成出来るのだということを理解して頂きたかった。それにしても、今は昔、恥とも思わず、時として加工が難しいから、出来ないからといって、それを口にし前面に出すかのごとく振る舞った砌は、正に若気の至りであり未熟者であった。

　又、係る試作テーマの技能や技術は、当時、上司や社内外の有識者、そして工具メーカー担当者等から質問を受ける機会が日増しに多くなりつつあった。耳にする技術専門の語彙が判らなかったり、現行の加工技術を適切に説明出来なかったりして、技術や知識の不足を痛感したあまり、技術書や文献等を読むしかないと悟り一念奮起せざるを得なかった。

　一方、加工の中から湧いてくる技術情報（技能・技術そして様々な現象等）は新鮮で、興味をそそり、深掘りすること目白押しで、それを逃すまいと意欲を燃やして、具に記録・整理することに努めた。さらに、理屈と実際との差異や符合の確認等を踏まえ、技術メモを作る習慣が一層強まっていった。

この冊子は、曰わく付きのものであったことをはじめに触れておいた。それを裏打ちするかのごとく、パソコンが壊れ、書の半分を書き直す被害となった。又パソコンを立ち上げ、本格的な作業にさしかかったところで東日本大震災に遭い、大きく進捗が妨げられた。今は、形になっただけでほっとしている処である。

　以後、内面研削の試作加工シリーズは、ホーニング加工に委ねられていったが、その一方、金型、治工具等の加工に於いては、その高精度化に伴い、内面研削加工の依存度が大きくなっていった。

　当技術冊子の技術的部分は、爾後、生業としてきた内面研削加工の礎になったことはいうまでもない。有り難きかな、定年退職後授かった今日の技術指導に係る仕事や、技能継承活動の中に、ささやかながら生かされている。

エピローグ

父の生業は洋服の仕立屋で夜鍋をしながらの仕事もよくあった。茶紙で作った洋服の型紙をさっと拡げたかと思と、間髪を入れる隙も無く素速く生地を裁断していた仕事姿が思い出される。ものづくりには納期が付きまとう。父の場合もそれに違わず、納期には厳しいものであった。お客様は年休行事に合わせて洋服を誂えるのだということだった。腕は確かな父だと思い込んでいたが、なにやらお客様からクレームが付いた模様であった。このことは、社会に出てものづくりに携わってから良い他山の石になった。職人の父は過信のあまり、作業手順書の持ち合わせがなかったようだ。メモでもいいから工程、作業内容、注意事項、安全等を明記した作業手順書の類いを手許に置き、チェック機能を具備し転ばぬ先の杖を用意しておけばあの事態は防げたのではなかったかと思う。

情報というものは、一般的には外部から漠然と入って来る事が多い。殊に、上述した円研加工シリーズNo.1～No.3には加工の内容は基より、行われている加工中の目の前から目の覚めるような様々な技術情報（現象等）が湧き出てくることを示してきた。ものづくりの流れの中では予期していない想定外の事態が発生する。瞬時の即対応を怠りお釈迦（不良）に繋がることがあった。経験・知識不足に依る見逃しの結果であった。

シリーズNo.1～No.3の加工に係る作業に共通して言えることがあった。加工直前に施すべきスタート時の入念な清浄作業と吟味した加工段取りである。ワークとチャック面の微小の塵埃清浄をはじめ、バリの除去、ネジ締結（締め忘れは致命的）、接触面への点滴給油等手抜き無きこと必須である。スタートは結果に直結する。因果関係そのものである。

シリーズNo.1では、段付き物の円研ワーク加工（両センター作業、チャック作業）では、円筒軸とツバ面の直角度を得ることに係る品質の確保に必要な基本と基礎を示してきた。ワークをチャック（両センター作業、スクロールチャック作業）してまずステ削りを行う。アヤメ模様が創製されていれば良し、スジメ模様であればアヤメ模様ができるまで

調整・修正作業を掛ける。アヤメ模様は直角度が作り込めているとする代替特性であり、加工のスタート時点で、これから加工するワーク（加工物）の直角が保証される。個々に行うすべての加工の際に必ず行うべきものではないが、円筒研削加工直前の条件出し作業と心得ておくことが大切である。

シリーズ№2では，厳しい寸法公差の加工と測定についてコメントしてきた。物理的問題については加工熱、ワーク表面に付着している冷却液の蒸発熱、測定待ちの間（経時）に生ずる温度変化等の物理的現象、微小異物の付着等が上げられる。測定器については、指示マイクロ等のスピンドルとアンビル間の偏差について詳述し、その対応について言及した。又、円筒研削物は φ 1μm公差確保の仕様が多く、円筒加工では幾何特性を念頭に置いて徹頭徹尾テーパー修正を行わなければならない。円筒研削加工はテーパー修正に始まりテーパー修正に終わると言われる所以がある。記述を咀嚼し個別的に又、総体的に活用されることを祈念している。

シリーズ№3では内面研削加工を取り上げた。工具はクイル（内研砥石軸）を用いる。加工穴部が長くなったり、小径穴になれば、クイルが長い又は小径のクイルを使用する事になる。且つ工学的には片持張りの工具の使い方になる。更に小径の工具の故、回転を上げる必要がでて、安全工学上危険が増加する。加工中穴の中は見えず、加工音を聞き分けて加工することになる。

一方、パイプ形状の φ 1μm公差の測定では、得てして薄肉形状の物が多い。特に、チャック取り外しの後にスプリングバックが生ずる頻度が高いため、ワーク形状を念頭におき、チャック（ワークの銜え方）の仕方を吟味する必要がある。又内面研削加工は比較的工程が長くなる事から、作業標準書を作成・整備するとか、手順を踏んで工程作業が出来る体制作りが求められる。

子供の頃のほのかな思い出がある。正月が近づいてきたころ、板木を挽き工夫して炬燵をこしらえたり、粉末をぬるま湯で溶かし正麩糊を作り障子張りをしたことがあった。日頃は何となく怖い祖父であったが、

その時ばかりは、上手だ！そう言って笑顔で誉めて呉れた。しかし、社会人になり、ものづくりの仕事に携わってからは幸か不幸か誉められた記憶は薄い。給料を頂いてものづくりしている者はプロであり、作れて当たり前という職場であった。一方、工具は先輩の刃物置き場を観て自分で作れ！素材はいくらでもあげるぞ！職人の流れを引きずっている体制なのだろうか、ものづくり職場の指導教育環境は良くもあり良くもないそういう所だと、半ば肯定して過ごす状況下にあった。誰にも邪魔されない文献や参考書の類いは宝もの、有り難い物だった。隅から隅まで目をとおし、ぼろぼろになるまで用いた。

　経験や見聞、指導教育は、すべて教訓に溢れている。とはいえ、その場で丸ごと即対応出来る教訓はない。一方、円筒研削盤と称する工作機械はごく一般的な機械である。しかし、生産準備に繋がる金型・治工具・試作部品等を加工・組立する部門においては比較的特殊な使い方をしている機械のような気がしている。

　ものづくりの実務は厳しいもので、常に想定を超えた問題が湧き出てくる。その対応は複雑多岐に亘る。文脈の中に何か一つ、業務の補完になるところが有りますれば幸甚に思う。

　上梓に当たり、宮城県職業能力開発協会・宮城県技能振興コーナー所長曳地信勝様には推奨のお言葉を頂き、また株式会社金港堂出版部部長菅原真一様には度重なるご足労を頂き丁寧な御指導を賜りました。心から感謝申し上げます。

（参考文献）

『研削盤・研削機器とその使い方』
　　　　　　　　竹中規雄・佐藤久弥　共著　　誠文堂新光社

『研削加工のドレッシング・ツルーイング』
　　　　　　　　竹中規雄・佐藤久弥　共著　　誠文堂新光社

『研削加工のトラブルと対策』
　　　　　　　　竹中規雄・佐藤久弥　共著　　誠文堂新光社

『よくわかる研削作業法』
　　　　　　　　福田力也著　　　　　　　　理工学社

『研削盤のエキスパート　技能ブックス８』
　　　　　　　　　　　　　　　　　　　　大河出版

髙橋　邦孝

〈略歴〉

・1941年10月宮城県石巻市生まれ・1960年3月理研光学工業㈱〔現㈱リコー〕入社・1965年3月日本大学商学部卒業・1973年3月東北リコー㈱に転出・1993年3月特級機械加工技能者・1994年3月特級仕上げ技能者・1995年3月特級機械検査技能者　・2001年10月東北リコー㈱退社・2002年6月〜2018年3月宮城県柴田町シルバー人材センター〔独自事業（刃物研ぎ）〕・2004年3月〜2010年11月和光技研工業㈲（柴田町シルバー人材センター会員として内面研削加工に従事）・2004年6月〜2020年3月宮城県立仙台高等技術専門校（機械科）講師・2005年6月〜2016年9月（社）宮城労働基準協会仙台支部砥石講習講師・2009年4月熟練技能者・2009年8月厚生労働省高度熟練技能者〔機械加工（一般機械器具製造関係分野）〕・2009年10月職業訓練指導員免許（機械科）・2009年12月〔独立行政法人　雇用・能力開発機構〕技能継承等インストラクター　・2010年4月〜プラスエンジニアリング㈱技術顧問現在に至る・2013年〜2014年柴田町環境指導員・2013年7月厚生労働省ものづくりマイスター（機械加工）・2014年11月宮城県知事表彰（公共職業訓練功労）・2015年〜企業の若年技能者人材育成に係る講師として、現在に至る〔H27年度〜28年度㈱アルコム様、H28年度〜30年度　青木SS㈱様、H29年度㈱岩沼精工様〕・2021年1月厚生労働省ものづくり3職種マイスター（機械加工職種、仕上げ職種、機械検査職種）

カバー、本文中の図表は著者が作成

円研作業シリーズ (1.2.3)

円筒研削盤作業

令和 3 年 5 月 31 日　初　版

著　　者	髙　橋　　邦　孝
発　行　者	藤　原　　　　直
発　行　所	株式会社金港堂出版部

仙台市青葉区一番町二丁目 -3-26
電話 仙台（022）397-7682
FAX 仙台（022）397-7683

| 印　刷　所 | 株式会社ソノベ |